8种精致蛋糕装饰技巧

依材料
分门别类

蛋糕彩妆师

（日）熊谷裕子　著

谭颖文　译

辽宁科学技术出版社

沈　阳

目 录 / C O N T E N T S

有关材料
· 标示"砂糖"时，基本上使用一般砂糖或细砂都可以。但若标示"糖粉"或"细砂"时，请一定要使用指定的种类。
· 明胶粉预先用指定分量的水（原则上是5倍量的水）泡软。采用微波炉融化时，则只要加热到成为液体即可。因沸腾后将不易凝固，务必避免温度过高。利用隔水加热方法也可以。
· 鸡蛋是使用中等大小。基准是蛋黄20克，蛋白30克。
· 鲜奶油请使用动物性乳脂肪35%或36%的种类。至于装饰用的"鲜奶油"，是指以无糖状态打发起泡到可以挤花的硬度。

有关工具
· 钢盆、打蛋器请配合制作量使用。因分量少却使用大器具时，可能无法打发起泡。
· 烤箱要预先加热到指定的温度。
· 烤的时间、温度会因家庭烤箱的种类而有些差异，请自行调节。

有关工具的价格
· 书中介绍的材料和工具，价格会因厂商的不同而有变动，购买前记得先询问厂商或店铺。

有关ABC
· 标示在糕点页右上方的"ABC"是指做法的难易度，难度依A→B→C的顺序越来越高。

熊谷裕子

1973年出生于日本神奈川县，在日本青山学院大学就读法文专业，曾到法国巴黎里杰斯咖啡店接受法国糕点师课程培训。毕业后，先后在多家糕点店工作9年。她在2002年时创办西点教室"Craive Sweets Kitchen"。同时，她还协助法国糕点店创业，为企业提供糕点配方、制品等工作。

从今天开始，
你也将是个"法国糕点师"！

我原本只是个居家的"糕点制作爱好者"，后来因某个机缘决定到糕点屋当学徒，结果持续从事法国糕点工作9年。

在糕点屋制作糕点，必须做到准确、精密，其心态和爱好者迥然不同。话虽如此，那段时间我仍对制作糕点充满兴趣，连假日都还拥有"糕点制作爱好者"的热诚。

经历3家店的磨炼，从基础到高阶我学到了许许多多的高明技巧，奠定了我现今制作糕点的基础。

研究法国糕点告一段落，原本想自己创立一番事业的我，决定开办糕点教室。因为只有教室才能把糕点以最佳状态和大家分享，同时能体会刚出炉的香气和传授制作的乐趣，而这正符合我的梦想。正式开始实行后，我更惊讶地发现，大家的感受竟都和我一样，"只是涂上镜面果胶就变得如此绮丽！和糕点屋的一模一样耶！""经过巧克力装饰后，感觉完全不同了！"

这些技巧对曾从事法国糕点工作的我来说，都是极为普通，甚至是理所当然的。然而在我还是学生时，也会边看着糕点屋里的蛋糕，边歪着头疑惑地想着："这模样是怎么做出来的？"

已经是糕点制作高手的你，是否觉得想再升级，接近法国糕点师的行列是非常困难的呢？

当然，风味是糕点的重点。但任何简单的糕点，若能添加一些装饰也能促使成品升级好几倍。

这个时代已可从糕点制作材料店或网络商店购买到少量的包装材料。所以为何不好好利用这个机会呢？简单应用专业技巧，任何人都能在家烘焙可媲美法国糕点师水平的糕点。

本书是以装饰的材料来分类。配方是使用家庭容易购得到的材料，并介绍能在保存期吃完的分量，因此确信大家都能轻松地享受制作糕点的乐趣。

同时，也期盼大家把本书当作参考，朝着独创性糕点挑战！从今天起，就加入"法国糕点师"的行列吧！

1

成品闪闪发光的秘密在这里！

镜面果胶

N a p p a g e

注意事项

务必确认要有不用加热、加水的标示。

原料

除了水分外，还含有少量的糖粉和凝固剂。几乎无味无臭，故毫不影响糕点的风味。

保存

会因厂商而变化，但以冷藏1个月为基准。冷冻可保存2个月。分小份装在密封容器，使用更方便。

用途

涂一层在慕斯或奶冻表面，可以防止干燥，增添光泽。同时，透明的镜面果胶中还可添加果酱、果汁来着色，做成适合糕点的颜色和气味。

原本就是柔软的胶质状态，所以无需加热，加水就可直接涂抹或挤花，十分便利。它是完成蛋糕所不可或缺的装饰素材。

混色的
高明技巧

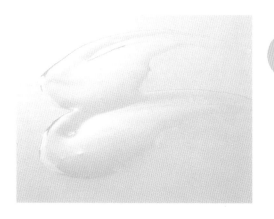

● 以透明状态直接使用

在直接展露基台的慕斯颜色或者水果的颜色时，就以透明状态使用。

制作大理石图案时，可用透明的镜面果胶当底层，再用着色的镜面果胶画图案。

● 用即溶咖啡调色

把粉末状的即溶咖啡以少量的热水溶解，然后加到镜面果胶中混合成茶色。咖啡的量依喜欢的浓度调节。但热水越少越好！只要能让即溶咖啡溶解的水量就够了。因为水分过多，镜面果胶的颜色会变淡且变得太软。

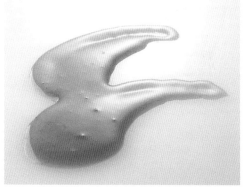

即溶咖啡，粉末状的比颗粒状的更容易溶解。

慢慢加入，调出喜欢的颜色。

筛入可可粉

　　轻轻摇晃滤茶网，将可可粉筛入糕点表面，再用抹刀从其上方涂抹镜面果胶。借由抹刀的涂抹程度来延伸可可粉，产生斑驳的花样。

　　但可可粉若堆积太厚，会被抹刀整个推开而无法加以延伸，所以并非全面性，而是在几个地方轻轻地筛入，才能变化出不同的图案。

如果可可粉整个被抹刀推开时，要再轻轻涂抹几次。

以重点配置方式筛入，让图案产生变化。

Point
轻轻地
筛入！

混合红色果酱

　　红色可使用色泽明显的覆盆子果酱来调色。在透明镜面果胶中加入等量的覆盆子果酱搅拌，再经滤茶网压挤过滤。若要调制浅粉红色时，则适度减少果酱用量。

　　为方便起见，我是使用已经压挤过滤过的果酱种类，不过我会再次经过压挤过滤，去除细微的果肉，等成为相当滑润的状态才使用。

使用小型橡皮刮刀作业较方便。

充分搅拌混合后，进行压挤过滤就更容易了。

使用已经压挤过滤过的果肉较方便。

调色的变换

和红色镜面果胶一样，在透明的镜面果胶中混合各种素材，然后压挤过滤即成。

混合透明镜面果胶三成重量的黑醋栗果汁，然后压挤过滤即成紫色。混合等量的黑醋栗果酱或蓝莓果酱制作也有同样效果。

加入等量的芒果果酱混合即成黄色的镜面果胶。混合杏子果酱即成橙色的镜面果胶。

混合透明的镜面果胶二成重量的开心果泥，然后压挤过滤即成绿色。开心果泥的颜色会因厂商而异，所以请自行调节。

也有加热用的镜面果胶

一样是无色透明，但这是较结实果冻状的镜面果胶。

要添加指定分量的水，加热溶解后使用。因涂抹后会迅速凝固，所以即使水果等食材分泌水分也不会潮湿。

但是由于需要加热使用，所以不适合用来装饰慕斯等冷冻糕点。本书所介绍的装饰技巧仅限于无需加热、加水的镜面果胶。其他还有添加杏子的加热型镜面果胶，主要用途是在增加烤制糕点的光泽。

加热用

加入杏子

使用镜面果胶的
高明技巧

1

倒入适量的镜面果胶。因多涂的量之后可以切断，所以尚未熟悉作业前可多倒入一些。

2

利用抹刀一口气抹开镜面果胶。力量尽量一致，抹出相同的厚度。

3

在空心模的边缘切断，但尽量减少切断次数，均匀度会更佳。

进行沾裹

所谓"进行沾裹"是指抹刀把镜面果胶涂在基台制作图层的作业。

将适量的镜面果胶倒入糕点上面，再用抹刀以轻轻压挤的方式，一口气进行涂抹。若只要沾裹上面时，以装进模具的状态进行为宜。多涂的镜面果胶可从模具边缘切断，之后再拆模，这样边际部分就能整洁美丽。

另外，若反复涂抹多次容易造成表面厚薄不均，所以要一气呵成地抹开。

失败

只用抹刀的前端反复涂抹，所以无法涂抹平整。

使用双色的镜面果胶描绘图案

为使深色的镜面果胶稍微厚些，如图进行着色。

首先用深色的镜面果胶在慕斯或奶冻表面涂抹出喜欢的图案。接着用透明或不同颜色的镜面果胶进行沾裹，即可变化出多种图案。

进行沾裹的力量若太强，蛋糕底层的图案会变成大理石纹一般，所以不要用力，以轻轻抹过的程度进行沾裹，才能清晰保留蛋糕底层的图案。

然后把基台冷冻，让图案不会流动，就容易将图案确实定型。等图案定型后，再拆模。

以涂抹的程度来改变图案。

制作大理石图案

首先用透明的镜面果胶在慕斯或奶冻表面进行中沾裹。接着用少量热水溶解的即溶咖啡，从上面滴落在几个地方。

借由着色方法和涂抹方法完成喜欢的图案。用其他颜色的镜面果胶来画大理石纹也很漂亮。

重点式地置放在透明的镜面果胶上，进行着色。

用抹刀前端制作图案。像画画一般创作喜欢的图案。

描绘深色的大理石图案

在第9页的大理石图案中添加可可粉，就能产生更深色的大理石。

首先用滤茶网把可可粉筛入几个地方，接着用透明镜面果胶从上面进行沾裹（参照P6），再用少量热水溶解的即溶咖啡滴落几个地方，最后用抹刀轻轻抹出大理石图案。

筛入可可粉制作的大理石图案和只用即溶咖啡液制作的大理石图案，其风格截然不同。

首先用可可粉画图案。

加重色彩做成大众风味的典雅装饰。

挤出水珠图案

在装饰糖粉（参照P24）的上面挤入镜面果胶后，即会形成晶莹剔透的水珠。

把适量的镜面果胶装入抛光式的挤花袋中，剪个小洞方便挤出。靠挤出的镜面果胶颜色和大小来产生变化。

筛入时要均匀，以免薄厚不一。

闪闪发光的水珠，十分漂亮！但倾斜即会滚落下来！

在水果上增加光泽

使用镜面果胶为水果表面增加光泽时，就如挤出的水珠一般在上面挤出细条状。以锯齿状挤满全部后，接着用毛刷在上面轻刷，即完成绮丽的图层。

若是切开成平面或大面积的水果，一开始就用毛刷涂抹也可以。

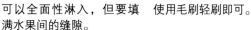

可以全面性淋入，但要填满水果间的缝隙。　使用毛刷轻刷即可。

淋上制作涂层

像拱状慕斯等需要全面加以涂层时，可把镜面果胶直接淋入。

从模具中取出冷冻糕点，放在蛋糕架上。另外蛋糕架下方置放盘子或容器当做托盘。然后以绕圈方式一口气淋入多量，接着轻扣和摇晃蛋糕架，让多余的镜面果胶滴落到托盘上。

用抹刀插入糕点下方，移到碟子或金色托盘。至于滴落的多余镜面果胶和切掉的糕点残片等，一并收集再次利用。

拆模后的糕点，从冷冻库拿出后，会随着时间发生结霜现象，若在此状态淋入镜面果胶会随即流落，所以制作涂层时，应边拿出适量边操作。

不要一点一点地淋入，应迅速从周围淋入。

让多余的镜面果胶充分滴落到托盘。而附着在托盘边缘的镜面果胶，则在移到金色托盘时，用抹刀轻轻抹掉。

若多余的镜面果胶没有完全滴落，之后将会慢慢积存在底层。

失败

材料（底径7cm的硅胶制钻石山模4个份）

杏仁海绵蛋糕

全蛋 ……………	35g
糖粉 ……………	25g
杏仁粉 ……………	25g
蛋白 ……………	50g
砂糖 ……………	30g
低筋面粉 ……………	22g

樱桃果酱

深色樱桃糖浆（罐头）…	40g
柠檬汁 ……………	5g
明胶粉 ……………	1g
水 ……………	50g
樱桃利口酒 ……………	5g
深色樱桃（罐头，擦干水分） ……………	8g

樱桃慕斯

牛奶 ……………	70g
盐渍樱花（泡水2小时去盐分） ……………	5朵
白色巧克力 ……………	50g
明胶粉 ……………	3g
水 ……………	15g
樱桃利口酒 ……………	10g
鲜奶油（结实打发起泡） ……………	80g

装饰

镜面果胶 ……………	适量
樱桃果酱（使用上次剩余的） ……………	适量
盐渍樱花（同上次去除盐分） ……………	4朵
装饰用巧克力（参照P78）、金箔 ……………	各适量

做法

1 参照94页制作杏仁海绵蛋糕面糊。

2 把面糊铺在烤箱纸上，用抹刀抹开成20cm×24cm，5mm厚，然后连同烤箱纸摆在烤盘上，放进210℃的烤箱烤7~8分钟。

3 烤好后，从烤盘取出，上面覆盖烤箱纸防止干燥，放凉。然后用直径5.5cm、4cm的圆形模各做成4片。

4 制作樱桃果酱。深色樱桃糖浆和柠檬汁混合，然后加入用水泡软后再微波融化的明胶并搅拌均匀。另外将樱桃利口酒和深色樱桃糖浆混合，放进冷藏库冰凉备用。

5 制作樱花慕斯。在牛奶中加入去盐分的樱花，再直接静置约15分钟吸收香气。

6 拿掉樱花，再次加热。把切碎的白色巧克力分2~3次加入，搅拌至滑润状。接着再加入用水泡软后再微波融化的明胶。

7 容器垫着冰块，用橡皮刮刀搅拌成浓稠状。再加入樱花利口酒和结实打发起泡的鲜奶油，用打蛋器混合均匀。

8 把樱花慕斯倒入硅胶模至六分满，然后用汤匙背部以摩擦侧面方式抹高到边缘，使正中央形成凹陷状。凹陷处摆放用4cm圆形模压出的杏仁海绵蛋糕。

9 分别放入樱桃果酱和2粒深色樱桃。樱桃果酱是先取出少量装饰用，其余分4等份使用。

10 接着倒入剩余的慕斯，覆盖住蛋糕，再用5.5cm圆形模压出杏仁海绵蛋糕。

11 冷冻，确实凝固。

12 翻开模具取出慕斯（图1），淋入镜面果胶制作涂层（图2）。

13 摆放涂抹镜面果胶的樱花，再用抹刀散落涂抹少量的樱桃果酱着色（图3）。最后点缀装饰用巧克力、金箔。

硅胶制的钻石山模。也可用在烤制糕点上。

必须确实凝固！

1

冷冻凝固后才可以翻开模具取出。若只是冷藏则无法顺利脱模。

2

一结霜就很难操作，所以不熟悉时，一次边从冷冻库拿出1~2个边操作。

3

以重点的方式，约置放在3处着色。

使用透明的镜面果胶涂层

樱山 Sakurayama

难易度 A

在白色巧克力慕斯上添加了樱桃利口酒的香气。
里面还隐藏着巧克力。
然后以淡雅的樱花般的粉红色呈现。

材料（长径19cm的5号泪滴模1个份）

法式拇指饼干（biscuit cuiller）

蛋白 …………………	1个
砂糖 …………………	30g
蛋黄 …………………	1个
低筋面粉 …………………	30g
红茶（细的伯爵红茶）…	适量
装饰用糖粉 …………………	适量

柠檬克林姆磨碎的柠檬

皮、柠檬汁 …………	各1/2份
全蛋 …………………	1个
砂糖 …………………	40g
无盐奶油 …………………	20g

红茶奶冻

红茶（伯爵红茶）………	6g
水 …………………	30g
牛奶 …………………	130g
蛋黄 …………………	1个
砂糖 …………………	40g
明胶粉 …………………	5g
水 …………………	25g
香草精 …………………	适量
红茶利口酒 …………	7g
鲜奶油（结实打发起泡）	100g

柠檬慕斯

柠檬克林姆 …………	50g
明胶粉 …………………	2g
水 …………………	10g
鲜奶油（结实打发起泡）	50g

装饰

镜面果胶 …………………	适量
即溶咖啡 …………………	适量
装饰用巧克力（三叉，参照P77）、柠檬片、香叶芹 …………………	各适量

做法

1 参照94页法式拇指饼干面糊的制作。

2 装入套8mm圆形挤花嘴的挤花袋中，在薄纸上挤出侧面用的6.5cm×26cm带子。然后挤出比模具小1号的底用面糊。预先用铅笔在薄纸上画圆形较容易挤花。并在侧面用面糊全面撒

红茶叶。

3 放进190℃的烤箱烤10分钟。

4 裁剪侧面用带子2条，各为3cm宽（图1、图2）。全面再用滤茶网轻轻筛入装饰用的糖粉。侧面用带子以烤面贴着模具铺上，底用饼干烤面朝上铺好（图3）。

5 制作柠檬克林姆。奶油以外的材料放入容器，边隔水加热，边用打蛋器搅拌成浓稠状，成为滑顺的克林姆状时离火，加无盐奶油混合。

6 保留做慕斯用的50g，放凉备用。其余放进冰箱冰凉。

7 制作红茶奶冻。水和红茶煮开，加入牛奶煮沸后闷一下。过滤只用净重100g的液体。若不足则添加牛奶补到100g。

8 参照94页制作奶冻的安格列兹酱。在此不需用牛奶，而是改用步骤7的液体制作。

9 放凉变浓稠之后，再加入香草精、红茶利口酒和鲜奶油，用打蛋器搅拌均匀。

10 在铺饼干的模具中，平整地倒入红茶奶冻。

11 把放凉的柠檬克林姆装入套8mm圆形挤花嘴的挤花袋中。挤花嘴轻轻埋入红茶奶冻中，直接挤出1圈。留些间隔，同法再挤入1圈，成为从红茶奶冻的上部掩埋柠檬克林姆的状态（图4）。

12 放进冷藏库冰到表面凝固为止。

13 制作柠檬慕斯。在50g的柠檬克林姆中加入用水泡软并经微波融化的明胶，再混合结实打发起泡的鲜奶油。

14 从上面倒入12个模具，再用抹刀整平后，放入冷藏库冰凉，凝固。

15 上面沾裹镜面果胶以及用少量热水溶解的即溶咖啡（图5）。

16 点缀装饰用巧克力、柠檬片和香叶芹。

烤好的饼干。

侧边的饼干切长一点，放入角落的前端以斜切是重点。

用刚好紧紧塞入的模具，成品更绮丽。

以刚出炉切开时，克林姆会从几处流出的状态最佳。

色彩淡薄更加漂亮。

利用沾裹来描绘大理石纹

多伦 Turun

这是在想象使用柠檬茶可做出什么糕点的灵感下所诞生的套餐甜点。在红茶和柠檬慕斯之间，挤出有效发挥酸味的柠檬克林姆。

难易度 **C**

材料（底径7cm的拱形模4个份）

杏仁海绵蛋糕

全蛋	…………	35g
糖粉	…………	25g
杏仁粉	…………	25g
蛋白	…………	50g
砂糖	…………	30g
低筋面粉	…………	22g

糖渍蔓越莓

冷冻蔓越莓	…………	100g
砂糖	…………	20g
蜂蜜	…………	25g
水	…………	100g

蔓越莓果酱

糖渍蔓越莓的糖浆	……	35g
水	…………	15g
明胶粉	…………	1g
水（明胶粉用）	…………	5g

香草奶冻

蛋黄	…………	1个
砂糖	…………	35g
牛奶	…………	70g
鲜奶油	…………	50g
明胶粉	…………	5g
水	…………	25g
香草精	…………	少许
鲜奶油（结实打发起泡）	…	80g

装饰

红色镜面果胶（参照P6）
………… 适量
糖渍蔓越莓、香叶芹、
葡萄和装饰用巧克力（参
照P80）………… 适量

做法

1 参照94页制作杏仁海绵蛋糕面糊。

2 把面糊铺在烤箱纸上，用抹刀抹开成20cm×24cm，5mm厚，然后连同烤箱纸摆在烤盘上，放进210℃的烤箱烤7~8分钟。

3 烤好后，从烤盘取出，上面覆盖烤箱纸防止干燥，放凉。

4 用直径6cm（底用）、4.5cm（中用）的圆形模各做4片。

5 混合糖渍蔓越莓的材料，稍微煮沸后放凉。

6 制作蔓越莓果酱。把糖渍蔓越莓的糖浆和水混合，接着便加入用水泡软后再微波融化的明胶并搅匀，连同容器放入冷藏库冰凉，凝固。

7 制作香草奶冻。参照94页制作奶冻的安格列兹酱。在此是把牛奶和鲜奶油混合使用。

8 放凉变浓稠后加香草精，再加入打发结实的鲜奶油，用打蛋器搅匀。

9 把香草奶冻倒入模具至六分满，然后用汤匙背部以摩擦侧面方式抹高到边缘，使正中央形成凹陷状。

10 凹陷处摆放直径4.5cm的杏仁海绵蛋糕，轻轻压挤。

11 用汤匙舀入适量的糖渍蔓越莓和果酱（图1），然后再倒入剩余的香草奶冻。覆盖住直径6cm的杏仁海绵蛋糕。

12 冷冻，确实凝固。

13 倒置模具取出奶冻，倒入红色的镜面果胶制作涂层，多余的镜面果胶要充分滴落（图2）。

14 移到金色托盘，点缀糖渍蔓越莓、香叶芹、葡萄和装饰用巧克力。

硅胶玻璃纤维制的拱形模。其他也可使用不同厂商、不同尺寸的金属制的拱形模（参照P40）。

使用红色镜面果胶做涂层

红宝石 Luvie

难易度 **B**

从香草奶冻中露出的是
入口即化的糖浆蔓越莓和果冻。借
由蜂蜜缓和了蔓越莓的酸味，并用
鲜红色的镜面果胶装点外观！

1

置放在正中央，避免露到表
面。

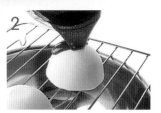

2

尽量避免触摸，让镜面果胶
以自然滴落方式进行涂层。

冷冻的蔓越莓，靠蜂蜜的自然甜味
进行糖渍（左）。也可当作果酱或
派的馅料。

1

先把冷冻干燥的覆盆子切碎，然后用指尖以压出方式散落在几个地方。

2

把红色颗粒涂开制作花样。

3

边左右小幅度摆动，边挤出皱褶状（参照P36）。

冷冻干燥的覆盆子（右），这是把新鲜的果实加以冷冻干燥而成的。也可用白色巧克力涂层。冷冻干燥的草莓（左）也可同法使用。

以草莓慕斯和马斯卡鹏乳酪慕斯叠成两层。中间用煎草莓夹心，组合成充满水果味的甜点。

材料（边长7.5cm的六角空心模1个份）

法式拇指饼干

蛋白	1个
砂糖	30g
蛋黄	1个
低筋面粉	30g
糖粉	适量

煎草莓

切1cm丁块的草莓	60g
砂糖	8g
白葡萄酒	10g

马斯卡鹏乳酪慕斯

马斯卡鹏乳酪	60g
砂糖	20g
明胶粉	3g
水	15g
鲜奶油（结实打发起泡）	50g

草莓慕斯

草莓汁	90g
砂糖	30g
柠檬汁	5g
明胶粉	4g
水	20g
鲜奶油（结实打发起泡）	65g

装饰

红色的镜面果胶（参照P6）	适量
冷冻干燥的覆盆子	适量
透明的镜面果胶	适量
鲜奶油	40g
草莓、冷冻的红醋栗	各适量
香叶芹、装饰用巧克力（卷曲，参照P76）	各适量

做法

1 参照94页制作法式拇指饼干面糊。

2 装入套8mm圆形挤花嘴的挤花袋中，在薄纸上挤出侧面用6.5cm×23cm的带子。底用部分是比模具小1号的六角形，而中层用的是小2号的六角形。

3 用滤茶网全面筛入糖粉，放进190℃的烤箱烤约10分钟。

4 剪出侧面用3cm宽的带子2条，侧面用的带子是以烤面贴着模具铺上，底用饼干是烤面朝上铺好。

5 制作煎草莓。切丁块的草莓加入砂糖、白葡萄酒一起煎一下，稍微软化即可。放凉，沥干煮汁。煮汁可当做蘸汁。

6 制作马斯卡鹏乳酪慕斯。把马斯卡鹏乳酪和砂糖混合搅拌成克林姆状。加入用水泡软又经微波融化的明胶，仔细搅匀。

7 加入鲜奶油后，再用打蛋器混合均匀。

8 在铺饼干的模具中倒入马斯卡鹏乳酪慕斯，撒入煎草莓。

9 烤面朝下，摆放中层用饼干。再用毛刷涂抹草莓煮汁的蘸汁，使其充分入味。

10 制作草莓慕斯。草莓汁中一边加砂糖、柠檬汁以及用水泡软再经微波融化的明胶，一边混合。

11 连同容器隔着冰水，用橡皮刮刀边搅拌边做成浓稠状。

12 加入鲜奶油后，再用打蛋器混合均匀，平整倒在步骤9上面。放入冷藏库冰凉，凝固。

13 半面沾裹红色的镜面果胶，另半面用滤茶网筛入磨成粉末的覆盆子（图1）。其上再沾裹透明的镜面果胶（图2）。

14 脱膜，用套玫瑰挤花嘴的结实打发起泡鲜奶油，挤出皱褶花样（图3）。最后装饰草莓、红醋栗、香叶芹、装饰用巧克力。

使用2色的镜面果胶分开涂抹

桑尼亚 Sonia

难易度 C

在加巧克力的海绵蛋糕上重叠巧克力奶冻，用带涩皮的煮栗子做夹心。若使用切碎的朗姆酒葡萄干代替栗子当夹心，就变成大人口味的甜点。

材料（边长10.5cm的菱形空心模1个份）

巧克力海绵蛋糕

全蛋 ·················· 1个
砂糖 ··················· 30g
牛奶 ··················· 5g
低筋面粉 ·············· 22g
可可粉 ················ 8g

酒液（混合备用）

水 ···················· 30g
朗姆酒 ················ 10g

巧克力奶冻

蛋黄 ·················· 1个
砂糖 ··················· 20g
牛奶 ··················· 70g
明胶粉 ················ 3g
水 ···················· 15g
甜味巧克力（可可粉60%~
65%） ················ 40g
鲜奶油（六分发） ····· 70g
带涩皮的煮栗子（切
7mm丁块） ··········· 50g

装饰用的镜面巧克力

甜巧克力 ············· 10g
鲜奶油 ··············· 10g
镜面果胶 ············· 20g

装饰

装饰用巧克力（参照P76）
················· 适量
带涩皮的煮栗子 ·········3粒
金箔 ·················· 适量

做法

1 烤巧克力海绵蛋糕。全蛋中加入砂糖，以隔水加热方式用打蛋器边搅拌边温热到约40℃。

2 用手提搅拌器打发至起泡、发白，而且舀起会如同缎带般滴落的浓稠度。

3 加入牛奶，用打蛋器轻轻搅拌，再加入过筛的低筋面粉和可可粉，用橡皮刮刀混合到有光泽的浓稠度。

4 折叠纸张固定四角，制作22cm×11cm的平行四边形（菱形2个）的盒子，摆放烤盘，倒入面糊整平。

5 放进200℃的烤箱烤8~9分钟。拿掉烤盘，覆盖保鲜膜以免干燥，放凉。

6 配合模具，剪成菱形2片。以略大为宜。用毛刷在2片烤面上轻轻抹上酒液使其渗入蛋糕。

7 制作巧克力奶冻。参照94页制作奶冻的安格列兹酱。移到容器，趁热加入切小块的甜味巧克力，使其溶解。

8 容器隔着冰块，用橡皮刮刀边搅拌边冷却。

9 变浓稠之后，把打至六分发的鲜奶油倒进来，用打蛋器拌和。

10 在铺1片巧克力海绵蛋糕的模具中，平整倒入一半量的巧克力奶冻。撒入切丁块的带涩皮的煮栗子。

11 将另一片巧克力海绵蛋糕翻面重叠其上，然后用毛刷从顶上刷酒液使其渗入蛋糕。

12 平整倒入剩下的巧克力奶冻，放入冰箱冰凉，凝固。

13 制作镜面巧克力。参照54页，用甜巧克力和鲜奶油制作镜面巧克力。加镜面果胶混合（图1），迅速沾裹在奶冻上。因为冷却后会很难抹开，所以务必要迅速操作（图2）。

14 点缀装饰用巧克力、带涩皮的煮栗子和金箔。

菱形空心模。用来制作凸显层次感，切面单纯的成品。

趁热混合镜面果胶也无妨，最好是以刚完成的柔软状态进行沾裹。

Point
要一口气涂开！

加入巧克力鲜奶油后，通常一变凉就马上硬化。所以若不迅速沾裹，会残存不雅的涂痕。

带涩皮的煮栗子。

难易度 A

沾裹加巧克力鲜奶油的镜面果胶

巧克力提诺

Chocolatino

使用红色和黄色的镜面果胶来描绘艳丽的图案

露德维卡 Ludovica

在果仁糖和牛奶巧克力的克林姆上，重叠柳橙慕斯。而新鲜的柳橙果汁是
添加磨泥的柳橙皮和柠檬汁来提升香气及酸味的。

材料（边长3cm的六角形空心模4个份）
圣法利内巧克力饼干
　蛋白 ……………………1个
　砂糖 ……………………30g
　蛋黄 ……………………1个
　可可粉 …………………13g
酒液（混合备用）
　君度橙皮酒 ……………10g
　水 ………………………20g
香蒂利巧克力
　牛奶巧克力 ……………30g
　果仁糖泥 ………………8g
　鲜奶油 …………………45g
柳橙慕斯
　柳橙果汁 ………………80g
　柳橙皮磨泥 …………1/4个
　柠檬汁 …………………5g
　砂糖 ……………………20g
　明胶粉 …………………3g
　水 ………………………15g
　鲜奶油（结实打发起泡）
　　………………………60g
装饰
　镜面果胶红、黄（参照P6、
　P7） …………………各适量
　装饰用巧克力（参照P79）
　　………………………适量

做法
1 参照94页制作圣法利内巧克力
饼干面糊。
2 把面糊铺在烤箱纸上，用抹刀
抹开成20cm×24cm，5cm厚，
然后连同烤箱纸摆在烤盘上，
放进200℃的烤箱烤7~8分钟。
烤好后拿开烤盘，覆盖烤箱纸
防止干燥，放凉。
3 用六角形空心模压出8片。先在
模具铺1片蛋糕，用毛刷蘸酒液
轻刷使其渗入。
4 制作香蒂利巧克力。把切碎的
巧克力和果仁糖泥混合，以隔
水加热方式，加热到约45℃加
以融化。
5 倒入一半量的用打蛋器打发至
起泡并会慢慢滴落程度的鲜奶
油，用打蛋器混合均匀。
6 倒回剩余的鲜奶油容器中，稍
微混合后改用橡皮刮刀拌匀。
7 倒入铺蛋糕模具中，再铺另一
片蛋糕，并涂抹酒液。
8 制作柳橙慕斯。把柳橙果汁、
柳橙皮磨泥、柠檬汁和砂糖混
合一起，然后加入用水泡软又
经微波炉融化的明胶混合。

9 连同容器隔着冰水冷却并变浓
稠状，接着加入结实打发起泡
的鲜奶油混合。倒入模具冰凉
凝固。
10 在两处摆放红色的镜面果胶
（图1）。其上再沾裹上黄色
的镜面果胶（图2）。最后点
缀装饰用巧克力。

果仁糖泥。将杏仁糖（参照
P83）磨成泥状而成。可填充在
生鲜糕点或巧克力里面。另有
榛果糖泥，容易氧化，要趁早
用完。

红色的镜面果胶用小抹刀涂
抹。

别太用力涂抹以免破坏下方
的图案。

Point

画出清晰
的图案！

像下着纯白的
雪一般

装饰用糖粉

Decoration Sugar

特效

就算撒在克林姆或慕斯上也不会溶解的糖粉。一般的糖粉只是粉末状的砂糖，接触水分即会溶解，如果用在装饰上是无法持久的。然而，添加油脂的装饰用糖粉，就不容易在糕点上溶解，同时也可抑制甜度。

使用方法

主要用途是撒在糕点上做装饰。为了美观，可利用滤茶网或雪克罐加以筛入。有时也使用在饼干上，但不像一般糖粉是混合在面团或克林姆中使用，而是专用在装饰上。

保存

因为是砂糖，所以可长期保存，但要密封以免潮湿。

用滤茶网的撒法

利用滤茶网的极细网如雪一般地撒入。为了能够分布均匀又漂亮，可以从糕点的上方全面性筛入糖粉。用滤茶网舀起糖粉，以另一手的指尖轻敲滤茶网来进行操作。

用雪克罐的撒法

虽然有打了许多小洞用来撒盐或调味料的雪克罐，但还是建议采用出口是网状的种类。把糖粉装在雪克罐里，不是倒立而是以横向拿着。然后从上横向摇动手腕，就能漂亮地撒出糖粉。要装饰多量糕点或者大面积时，这种撒法较方便。

若要沿着挞的边缘做定点装饰时，则边转动挞，边以最近距离同法横向撒入。若从太上方或纵向撒入，则除了边缘外连同内侧都会一片雪白。

还可以相同的速度来移动滤茶网，均匀地筛入糖粉。

失败

部分性地筛入或近距离筛入都会出现不均匀或凹凸状。

固定雪克罐撒糖粉的位置，靠转动挞来进行操作。

失败

用镜面果胶完成的绮丽成品，竟然全部变成白色！所以要从最近距离、横向小幅度地摇动为宜。

材料（长径13cm的椭圆形空心模1个份）

法式拇指饼干
蛋白 …………………………… 1个
砂糖 …………………………… 30g
蛋黄 …………………………… 1个
低筋面粉 ……………………… 30g
糖粉 …………………………… 适量
果酱馅料
综合莓类（冷冻直接使用）
…………………………… 40g
覆盆子果酱 …………………… 70g
白色巧克力慕斯
白色巧克力 …………………… 70g
牛奶 …………………………… 65g
明胶粉 ………………………… 4g
水 ……………………………… 20g
君度橙皮酒 …………………… 5g
蛋白 …………………………… 1个
砂糖 …………………………… 15g
鲜奶油（结实打发起泡）
…………………………… 90g
装饰
装饰用糖粉 …………………… 适量
鲜奶油（装饰用）…………… 50g
镜面果胶 ……………………… 适量
喜欢的水果（草莓、覆盆
子、蓝莓、冷冻红醋栗），
装饰用巧克力（参照P80）、
金箔 …………………………… 各适量

做法

1 参照94页制作法式拇指饼干面糊。

2 把面糊装在13mm圆形挤花嘴的挤花袋中，以回卷状挤出和空心模同样大小的椭圆形。边缘挤入花瓣状，再用滤茶网大量筛入糖粉，使糖粉有一厚度。

3 放进190℃的烤箱，烤约12分钟（图1）。

4 制作果酱馅料。把综合莓类和覆盆子果酱拌在一起。

5 制作白色巧克力慕斯。在切碎的白色巧克力中，边慢慢加入牛奶边搅拌，使白色巧克力充分溶解。

6 加入用水泡软后又经微波融化的明胶，连同容器隔着冰水，冰凉到变浓稠时，加入君度橙皮酒。

7 蛋白打发到起泡会残存打蛋器痕迹的浓稠度后，分两次加入砂糖，再继续打发起泡。制作浓稠结实的蛋白糖霜。

8 把结实打发起泡的鲜奶油加到蛋白糖霜中，轻轻拌和，然后分次倒入步骤6的白色巧克力中，再用打蛋器搅拌均匀。

9 模具上覆盖保鲜膜，用橡皮筋固定，倒放在盘子上。

10 把白色巧克力慕斯倒入模具里约六分满，用汤匙背部以摩擦侧面方式抹高到边缘，使正中央形成凹陷状。

11 在凹陷处中央填入果酱馅料，用抹刀平整后，放入冷藏库冰凉，凝固。

12 从模具取出固化的慕斯，摆放在放凉的法式拇指饼干上。

13 饼干的边缘和慕斯上面，都用滤茶网均匀地筛入糖粉。

14 把打发起泡的鲜奶油利用圣安娜挤花嘴挤出云形（图2）。

15 最后用镜面果胶挤出水珠（图3），点缀喜欢的水果，装饰用巧克力、金箔。

综合莓类。冷冻的综合莓类。将黑醋栗、红醋栗、覆盆子、蓝莓、黑莓等含有甜酸味的水果混合一起，可添加在马芬等蛋糕上烘焙。

1 挤成花瓣状的饼干本身也是一种装饰，所以挤法要特别慎重。

2 鲜奶油的挤花（参照P35）成为固定水果装饰的基台。

3 倾斜糕点时，水珠会滚动，所以要先移动到盘子里再装饰镜面果胶水珠。

撒上糖粉再装饰镜面果胶的水珠

香奈儿 Celine

会从奶香味的白色巧克力慕斯中露脸的是酸酸的果酱馅料。而
纯白的慕斯上还用红色的水果装饰得十分华丽。

只在边缘撒糖粉来突出线条感

蓝莓挞

Tarte aux Myrtilles

材料（底面直径6cm，高2cm的挞模4个份）

挞皮面团

无盐奶油	35g
糖粉	25g
蛋黄	20g
香草油	少许
低筋面粉	60g

法式奶油乳酪

奶油乳酪	100g
砂糖	30g
牛奶	50g
明胶粉	3g
水	15g
柠檬汁	5g
鲜奶油	80g
蓝莓果酱	40g
蓝莓（中层用）	16~20粒

装饰用的蓝莓镜面果胶

镜面果胶	30g
蓝莓果酱	30g

装饰

蓝莓	适量
装饰用糖粉	适量
鲜奶油（装饰用）	60g
香叶芹、装饰用巧克力（参照P80）	各适量

做法

1 参照94页制作挞皮面团。

2 用擀面杖把挞皮面团擀成3mm厚。再用11cm的环形模压出4片，紧紧铺贴在挞模上，切掉多余的边，用叉子在底部全面戳洞。

3 在冷冻库静置1小时。铺在铝杯，摆放派石当重物。

4 放进190℃的烤箱烤10分钟，连同重物拿掉铝杯，继续烤3~5分钟到有点焦色，之后放凉（图1）。

5 制作法式奶油乳酪。把奶油乳酪用微波炉稍微加热变软。

6 加砂糖用打蛋器搅拌，一点一点加入牛奶，搅拌成滑润状为止。

7 加入用水泡软后又经微波融化的明胶混合。接着加入柠檬汁、鲜奶油（以液体直接使用）搅拌均匀。

8 在素烤的挞中摆放10g的蓝莓果酱，用汤匙抹平。然后每一个挞摆放4~5粒蓝莓，从上面倒入法式奶油乳酪。

9 放进冷藏库冰凉，凝固。

10 在法式奶油乳酪上面排满蓝莓。

11 镜面果胶和蓝莓果酱混合，用滤茶网压挤过滤。装入塑胶挤花袋中，剪个小孔，全面性挤花（图2）。

12 边缘部分利用滤茶网筛入装饰用糖粉（参照P25）。

13 打发起泡的鲜奶油用星形挤花嘴在挞的顶上挤花（图3），最后点缀蓝莓、香叶芹、装饰用巧克力。

静置时间要充分，才能避免烘烤时缩小，确实烤出香气。

蓝莓的缝隙也要挤入镜面果胶，以免有破洞般的缺陷。

以旋转积高的方式来挤出鲜奶油。

原味乳酪的挞上充满蓝莓。再
淋上蓝莓镜面果胶，不仅风味
倍增，也更有一体感！

材料（长径18cm的椭圆形空心模1个份）
法式拇指饼干
　蛋白 ………………………… 1个
　砂糖 …………………………… 30g
　蛋黄 ………………………… 1个
　低筋面粉 ……………………… 30g
　红色果酱（覆盆子等）… 适量
白葡萄酒慕斯
　蛋黄 ………………………… 1个
　砂糖 …………………………… 20g
　白葡萄酒 ……………………… 60g
　明胶粉 ………………………… 3g
　水 ……………………………… 15g
　鲜奶油（结实打发起泡）… 50g
　综合莓类（冷冻，参照P26）
　………………………………… 40g

黑醋栗慕斯
　黑醋栗果汁（冷冻）… 60g
　明胶粉 ………………………… 3g
　水 ……………………………… 15g
　黑醋栗利口酒 ………………… 12g
　意大利蛋白霜（依照P45的
　分量制作使用，剩下的用
　来装饰）……………………… 25g
　鲜奶油（结实打发起泡）
　………………………………… 60g

装饰
　装饰用糖粉 ………………… 适量
　黑醋栗镜面果胶（参照P7）
　………………………………… 适量
　意大利蛋白霜（剩余的）
　………………………………… 适量
　黑醋栗果汁 ………………… 适量
　蓝莓、冷冻红醋栗、装饰
　用巧克力（卷曲，参照
　P76）、金箔 ………… 各适量

做法

1 参照94页制作法式拇指饼干面糊。

2 把面糊铺在烤箱纸上，用抹刀抹开成25cm×17cm大小。

3 红色果酱放入塑胶挤花袋中，前端剪小洞，挤出在正面饼干面糊上图案。

4 连同烤箱纸摆在烤盘上，放进190℃的烤箱烤8~9分钟。烤好后，从烤盘取出，上面覆盖烤箱纸防止干燥，放凉。

5 切出侧面用3cm×24cm的带子2条。另外切出比模具小1号的椭圆形当底用，小2号的椭圆形当中层用。侧面用部分用滤茶网轻撒装饰用糖粉，再把有糖粉的那面铺在模具侧面，接着铺上底用饼干。

6 制作白葡萄酒慕斯。参照94页制作奶冻的安格列兹酱。但在此处是用白葡萄酒取代牛奶制作。

7 放凉变浓稠之后，加入结实打发起泡的鲜奶油，用打蛋器混合均匀。

8 在铺饼干的模具中平铺倒入白葡萄酒慕斯，撒入冷冻状态的综合水果。覆盖中层用的饼干，轻压使其密贴。

9 制作黑醋栗慕斯。在解冻的黑醋栗果汁中边加入用水泡软后再微波融化的明胶边搅匀，接着加入黑醋栗利口酒。

10 把步骤9的黑醋栗果汁分2等份，分别放入意大利蛋白霜和

结实打发起泡的鲜奶油中，用打蛋器分别搅匀，然后再混合搅匀。

11 倒在步骤8中，用抹刀整平表面，放入冷藏库冰凉，凝固。

12 半面撒入装饰用糖粉（图1），另半面沾裹黑醋栗镜面果胶。把剩余的黑醋栗镜面果胶放入挤花袋，挤出水珠状（图2）。拿开模具。

13 在装饰用的意大利蛋白霜中混合适量的黑醋栗果汁着色，套上圣安娜挤出波浪状图案（图3）。在避免接触到慕斯表面使用喷火枪，将意大利蛋白霜烧出淡焦色。

14 最后点缀蓝莓、红醋栗、装饰用巧克力和金箔。

黑醋栗果汁。黑醋栗的法文是cassia，英文是blackcurrant。因为酸味强又有独特的涩味，所以不适合直接生吃，多半是制作糕点的水果。可用来制作慕斯和果酱以及冰冻糕点等。

为了避免另一面附着到装饰用的糖粉，所以要使用抹刀边挡住边撒上糖粉。

让水珠的形状逐渐变小，使外观更加漂亮。

添加黑醋栗果汁到形成绮丽的紫色后才挤花。用喷火枪喷时避免过度。

大胆使用装饰用糖粉和镜面果胶构成两色

凡奈莎

Vanessa

在红色条纹的饼干中包覆着白葡萄酒和黑醋
栗两层慕斯。挤花的意大利蛋白霜也混合利
口酒来强调黑醋栗的颜色。

③

使用别于常用的挤花嘴
更具法国糕点师的架势

发泡鲜奶油

Whipped Cream

用途

主要用途是装饰糕点。通常是装在套挤花嘴的挤花袋里，在糕点上挤花。挤花嘴的种类相当多，在此要介绍的是法国糕点师常用的挤花技巧。如果你是一直采用固定模式挤花，或者不擅长挤花的人，请多加练习。鲜奶油要在良好的状态下进行挤花，是优美装饰的要诀。

种类

使用品质良好的纯动物性鲜奶油。一般超市出售的鲜奶油，分为35%或36%的低乳脂肪型及45%的高乳脂肪型。45%的种类虽然浓醇风味佳，但容易分离不易操作。而低乳脂肪的种类，虽然口味较淡，但操作简单，是初学者都方便使用的种类。所以在此全部采用低乳脂肪型做介绍。

保存

放进冰箱保存。对温度变化或震动很敏感。所以购入后请马上冷藏，但不可以冷冻。保存期间是以未开封状态，从制造日算起7天，尽快用完为宜。一旦经过打发起泡就建议不要保存。

打发起泡的
高明技巧

由于金属容器有时容易因摩擦产生黑色粉粒，所以建议使用玻璃容器操作。

在相同或略大尺寸的另一容器装冰水，让玻璃容器隔着冰水，避免鲜奶油的温度上升，用手提搅拌器打发起泡。若温度上升，品质会不稳定，也容易分离。

稀软的打发起泡状态（约打发至五分程度）。制作香蒂利巧克力，就是以此状态为最佳。

这是最适合挤花的状态。在此步骤改用打蛋器，边手动边微调来操作。每次装入挤花袋前，都必须先确认软硬度。

失败

这是打发起泡过度，成为松散状，无法挤出美丽线条的状态。若只是稍微分离，添加少许液体鲜奶油即可恢复。尚未熟悉的人，先用手提搅拌器打发到快完成前，再改用打蛋器来做调节。

挤花袋的拿法

把鲜奶油装入挤花袋，用惯用手握住装鲜奶油的部分。将挤出的力量强弱以及动作全交由惯用手来掌控。另一手只负责把指尖轻托在套挤花嘴的部分下方，防止晃动，保持挤花操作的稳定性。若用两手握住，不仅难以控制，还容易因体温致使鲜奶油分离成松散状。不要一次就把全部的鲜奶油装入挤花袋，应分次装袋挤花，品质才能保持良好。

装入挤花袋的量别太多，因为手的体温容易导致分离，故装入一半为宜。若在挤花中途变松散，就将鲜奶油全部倒回容器，重新搅拌均匀再继续挤花。

挤花嘴，挤花的
高明技巧

圣安娜挤花嘴

　　原本是使用在修饰上为圣安娜糕点所用的挤花嘴。泪滴的嘴型可挤出有分量又利落的线条。只要学会了挤法，任何的糕点都能够装饰得华丽无比。在此介绍的是圣安娜挤花嘴原型的圣安娜糕点用的原始版模具。并制作把柳橙应用在典雅的圣安娜糕点上的款式。在派和泡芙面团上组合焦糖，把鲜奶油利用圣安娜挤花嘴在柳橙的克林姆糕点上挤花，还使用和焦糖相对味的柳橙做装饰。

基本的挤法

圣安娜挤花嘴的挤法较特殊，必须垂直对准糕点拿着挤花袋，并把挤花嘴的切口经常朝向正前方。从距离糕点约5mm上面进行操作。

要从挤花位置的稍前方开始，保持不动情况下用力挤出。同时借由挤出力量的强弱来变化挤花的大小。

停止挤出时要如切断般拉向自己面前。若是慢慢拉伸或边挤边拉，鲜奶油会一直延伸下去，所以，为了保持朝向自己正面直线挤出的动作，必须移动糕点的方向。

长形和短形

　　一直朝面前拉伸的方式挤出鲜奶油，并靠拉伸的力量强弱来决定长短。

连续形

　　全部以相同长度并排挤出。倾向挤出的连续形也非常漂亮。

云形

　　增加波浪的宽度，但要缩短长度。以细波浪→大波浪→细波浪的挤出方式描绘云层般的图案。

波浪形

　　可以一边挤出鲜奶油，一边做波浪状的图案。可做成细波浪、大波浪等增加变化。

圣安娜糕点的变化像极了糕饼屋的成品

伊若雷

维尔

草莓蛋糕

　　在我的教室里，采用圣安娜挤花嘴来装饰的成品相当多。例如"伊若雷"是在椰子的原味乳酪上摆放腌渍红葡萄酒的美国核桃，再用波浪形挤花装饰。"维尔"是利用抹茶的清爽感绿色，把白雪的鲜奶油衬托得更优美。双层的"草莓蛋糕"是组合圣安娜挤花嘴和圆形挤花嘴来完成华丽的挤花装饰。只要采用圣安娜挤花嘴挤花，那么，简单的糕点也能呈现媲美糕点屋成品的风采。

玫瑰挤花嘴

　　顾名思义，就是能把鲜奶油挤成玫瑰花型的挤花嘴。要挤成玫瑰型是有些困难，但以皱褶状来表示就简单了。轻轻地重叠几层即有华丽感。若在圆形上重叠挤花就如同康乃馨一般。但在圆形上挤花时，要把糕点放在旋转台或盘子上，边转动糕点边操作。

挤花嘴较细的部分朝上，左右小幅转动，以成为直线方式挤出皱褶状。

要把皱褶状挤花重叠几层时，越靠近内侧越要竖立，逐渐改变角度，营造变化，形态才会漂亮。

整团摆放装饰

不用挤花的技巧，而是用汤匙把鲜奶油舀出造型的技巧。像餐厅甜点中，以漂亮橄榄球状盛盘的冰淇淋一般，利用鲜奶油制作团状造型而装饰在糕点上，或许会感到有些困难，但多练习几次就能够舀出既漂亮又完美的团状造型。但是不要用圆形的汤匙，应采用前端较细的汤匙，做出的形状才会利落。

鲜奶油太柔软无法美丽塑型，所以打发起泡到有些松散状。分量少时，要聚集在容器的一角。

汤匙放入热水中温热。如果汤匙没有充分温热，团状造型将无法顺利地从汤匙脱落。

以覆盖方式用汤匙把鲜奶油往面前舀起，让鲜奶油呈现内卷状态。尝试几次就能掌握恰到好处的操作要领。

在容器边缘切断舀取，整理形状。

将汤匙往上滑动方式，把鲜奶油摆放在糕点上。这时不要用甩落的动作，应该顺着团状鲜奶油而滑动汤匙，顺势使其脱落。但是若汤匙的温度不够，也会影响脱落的状态。

用圣安娜挤花嘴挤出连续形

榭巧拉 Cechula

不加面粉的枫丹巧克力蛋糕，入口即化十分美味。
而装饰用的鲜奶油也巧妙地柔化了巧克力的苦味。

材料（硅胶制费南雪模4个份）

枫丹巧克力蛋糕

全蛋	60g
砂糖	45g
甜味巧克力（可可粉55%）	
	60g
无盐奶油	35g
可可粉	15g

酒液（混合备用）

覆盆子利口酒	20g
水	20g

装饰

鲜奶油	150g
砂糖	12g
覆盆子果酱	适量
装饰用糖粉	适量

装饰用巧克力（波浪，参照P78）、冷冻红醋栗、香叶芹、金箔 ……… 各适量

做法

1 烤枫丹巧克力蛋糕。全蛋和砂糖隔水加热到40℃，用手提搅拌器打发起泡到变白、变浓稠。

2 甜味巧克力、无盐奶油以隔水加热方式温热溶解，充分均匀。趁还温热状态时，撒入可可粉混合。

3 在步骤1的容器中放入步骤2，用抹刀仔细混合。

4 在8个涂抹无盐奶油（分量外）的硅胶制模具里，倒入面糊至九分满。

5 放进180℃的烤箱烤约8分钟。

6 连同模具放入冰箱冰凉，翻开模具取出蛋糕。由于非常脆弱，无法直接从模具取出，所以要等到确定凝固后再轻轻脱模（图1）。

7 把剥离模具那面朝上，用毛刷蘸酒液轻刷使其渗入蛋糕。

8 把加砂糖打发起泡的鲜奶油利用圣安娜挤花嘴在步骤7上挤出波浪图案（图2），再用汤匙舀入少量的果酱，上面摆放另一片蛋糕。

9 接着用圣安娜挤花嘴把鲜奶油挤出连续形图案（图3），再用滤茶网或雪克罐撒入装饰用糖粉。

10 最后点缀装饰用巧克力、红醋栗、香叶芹和金箔。

Point

要冰到确定凝固才可脱模！

冷冻的红醋栗，法文译为groseille，英文译为red curant。和黑醋栗一样，含有酸味和涩味，通常使用在果酱或糕点上。整串状态的冷冻品，因进行装饰时不会渗出颜色，所以在美化糕点时十分方便。

1 模具翻面，边轻轻压着蛋糕，边小心翻开模具。

2 挤花呈现高度感，完成后更漂亮。若当夹心，那么在摆放上一层时不要用力压挤。

3 避免夹心被压扁，这个步骤的挤花也不可用力。

使用沥干水分的酸奶制作克林姆状的慕斯。如花瓣一般挤出鲜奶油，然后再装饰蓝莓成为可爱的小蛋糕。

材料（底径6.5cm的拱形模4个份）

杏仁海绵蛋糕

全蛋	35g
糖粉	25g
杏仁粉	25g
蛋白	50g
砂糖	30g
低筋面粉	22g

白色慕斯

酸奶	200g
砂糖	25g
柠檬汁	10g
明胶粉	4g
水	20g
鲜奶油（结实打发起泡）	
	80g
樱桃果酱（低糖类型）	
	40g

装饰

鲜奶油	100g
装饰用糖粉	适量
草莓（1/4块），蓝莓、覆盆子	各4粒
小茴香	适量
装饰用巧克力（切割龙卷风使用，参照P80）	适量

做法

1 把白色慕斯的酸奶100g，用咖啡滤纸沥干水分。由于需在冷藏库静置一晚，所以要在前一天做好准备（图1）。

2 参照94页制作杏仁海绵蛋糕面糊。

3 把面糊铺在烤箱纸上，用抹刀抹开成20cm×24cm，5mm厚。

4 连同烤箱纸摆在烤箱上，放进210℃的烤箱烤7~8分钟。烤好后，从烤盘取出，上面覆盖烤箱纸防止干燥，放凉。

5 用直径5.5cm、4cm的圆形模各压出4片蛋糕。

6 在步骤1的酸奶中加入砂糖、柠檬汁、水以及用水泡软后再微波融化的明胶，用打蛋器边混合边搅匀。接着加入结实打发起泡的鲜奶油，混合均匀。

7 倒入模具约六分满，用汤匙背部以摩擦侧面方式抹高边缘，使正中央形成凹陷状。

8 在凹陷处摆放樱桃果酱，覆盖用4cm圆形模压出的杏仁海绵蛋糕。

9 倒入剩余的慕斯，用汤匙背部抹平。再覆盖用5.5cm圆形模压出的杏仁海绵蛋糕，放入冰箱确实凝固。

10 用喷火枪轻喷模具，往上挤压取出慕斯（参照P62）。

11 打发起泡的鲜奶油，用玫瑰挤花嘴挤出2圈的皱褶图案（参照P36）。

12 用滤茶网或雪克罐撒入装饰用糖粉（图2），最后点缀水果、小茴香和装饰用巧克力。

低糖的樱桃果酱。低糖的果酱果肉多，又容易处理，使用在糕点上十分方便。由于已经加热过，所以放入冷冻糕点也不太出水。希望甜味更低时，可使用市售的瓶装糖煮樱桃。

如果沥干后少于100g，就把抽出的水分（乳清）再倒回，补足到100g即可。

Point

要做成浓郁的酸奶！

全面性地撒上装饰用糖粉。

金属制的拱形模和硅胶制的模具一样，若不冷冻就很难脱模。可用喷火枪或瓦斯炉火温热模具周围，再以滑动方式脱模。

使用玫瑰挤花嘴挤出皱褶形

米利亚 Miria

使用圣安娜挤花嘴挤出羽毛状

马留斯 Marius

材料（硅胶制费南雪模4个份）

柳橙达瓦兹蛋糕

蛋白	25g
砂糖	10g
杏仁粉	25g
低筋面粉	5g
糖粉	25g
切碎的柳橙皮	40g
糖粉	适量

西点克林姆

蛋黄	1个
砂糖	30g
低筋面粉	8g
牛奶	125g
君度橙皮酒	5g

栗子克林姆

无盐奶油	10g
栗子泥	100g
牛奶	20g

装饰

鲜奶油	100g
君度橙皮酒	8g
装饰用糖粉	适量
切碎的柳橙皮	适量
装饰用巧克力（羽，参照P76）	适量

做法

1 烤柳橙达瓦兹蛋糕。蛋白用打蛋器打发起泡到会残存打蛋器痕迹的程度，然后分两次加入砂糖，继续打发起泡，做成较结实的蛋白糖霜。

2 接着加入混合过筛的杏仁粉、低筋面粉和糖粉，用橡皮刮刀仔细混合，装入挤花袋。

3 平坦地挤入涂抹无盐鲜奶油（分量外）的费南雪模具，再撒些切碎的柳橙皮。

4 用滤茶网筛入多量的糖粉，放进180℃的烤箱烤约12分钟。从模具取出，放凉。

5 参照94页制作西点克林姆。

6 加入君度橙皮酒，在每个柳橙达瓦兹蛋糕上放20g。

7 制作栗子克林姆。把无盐奶油打成克林姆状，然后加入发散的栗子泥，用木刮刀混合。加牛奶，用打蛋器搅拌成滑润状。

8 装入套蒙布朗挤花嘴的挤花袋中，把栗子克林姆以斜向锯齿状挤在步骤6上（图1）。

9 鲜奶油加入君度橙皮酒，打发起泡到结实状，然后用圣安娜挤花嘴挤花（图2）。全面撒入装饰用糖粉，最后点缀切碎的柳橙皮和装饰用巧克力。

栗子泥。是将栗子压挤过滤然后加入糖粉的泥状物。当做馅料相当甜，所以其他材料要减少砂糖来调节。剩余的馅料要用保鲜膜紧紧包住冷冻。

在正中央垫高的四点克林姆上，利用蒙布朗挤花嘴，以稍微浮高的位置进行挤花会比较漂亮。

挤花的大小要有变化，而且稍微弯曲才能挤出秀丽的羽毛状！

硅胶制的费南雪模。涂抹奶油即可脱模。除了可烘焙费南雪蛋糕外，也可使用在达瓦兹蛋糕或榭巧拉的枫丹巧克力蛋糕（参照P38）等各种烤制糕点。用清洁剂洗过后，要确定干燥。也可放入烤箱靠余温烘干。

这是用柳橙风味的达瓦兹蛋糕当基底的蒙布朗蛋糕。意想不到的是柳橙和栗子的搭配如此超群！而且两种克林姆也都包含柳橙利口酒的香气。

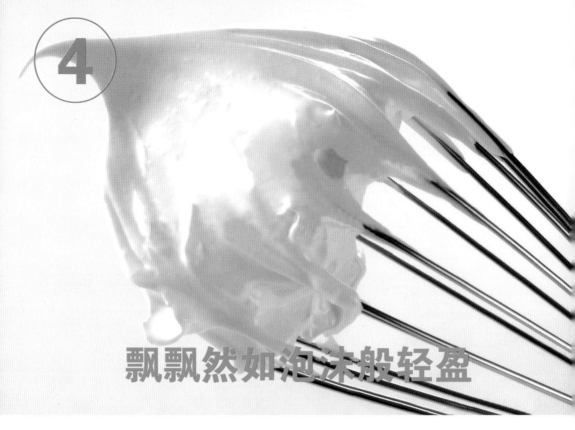

4

飘飘然如泡沫般轻盈

意大利蛋白霜

Meringue Italienne

用途

在装饰时，利用挤花嘴挤花，或直接沾裹在糕点上。用喷火枪轻轻喷过，做出美味的焦色。另外，也可加在慕斯或奶油克林姆中，来呈现轻盈感。

特效

蛋白打发起泡后，再加入温热的砂糖糖浆做成结实的蛋白霜。正确的做法必须依照程序一步一步地进行，靠糖浆的热度为蛋白杀菌，放凉后会产生晶亮的光泽，成为结实稳定的蛋白霜，法国糕点上经常使用。另有在蛋白加砂糖打发起泡的蛋白霜，称为法式蛋白霜。后者主要用在烤制糕点上，但因气泡会随着时间消失，故不适合用来装饰。气泡不易消失的意大利蛋白霜，用在装饰时较能持久，话虽如此，仍以保存一天为基准。最佳的做法是使用糕点前才去制作。

打发起泡的
高明技巧

材料（完成量约90g）
- 砂糖 ·················· 60g
- 水 ·················· 20g
- 蛋白 ·················· 30g

失败

太稀软的蛋白霜
加入糖浆前的蛋白霜打发起泡不够，或者糖浆熬煮程度不够，或者加入糖浆后的打发起泡不够等原因所致。

制作糖浆。砂糖放入小锅，加水到全部砂糖吃到水。若部分没吃到水会烧焦，要注意。开中火熬煮。

糖浆煮沸后，用手提搅拌器开始打发蛋白。打发起泡到会有残存打蛋器痕迹的程度为最佳。但若是打发过度，就会变成松散状，所以要特别注意。

失败

有杂色的蛋白霜
糖浆熬煮过度变成黄色，又直接加到蛋白霜中所致。故要遵守温度，而且余温也会使其变色，故必须马上加到蛋白霜里。

用温度计测量糖浆，在117℃时熄火。这时蛋白霜会呈现步骤2的状态。手提搅拌器调高速，把糖浆如细线般慢慢地加入。而且从手提搅拌器的两翼间加入糖浆，才容易混合均匀、不结块。

失败

结块的蛋白霜
糖浆熬煮过度，或将糖浆一次全部倒入，都会在蛋白霜中凝结成糖块。为了使糖浆能马上融入蛋白霜，应以细线状慢慢滴落才行。

加入糖浆后，持续打发起泡。打发起泡到蛋白霜冷却后会结实有光泽为止。要挤出沾裹时，应趁有如体温般温热的状态进行为宜。

用圆形挤花嘴挤花再烧成焦色

Point

使用蛋白霜覆盖慕斯

避免基台的慕斯接触喷火枪的火，上面先薄层沾裹蛋白霜，再用圆形挤花嘴挤花。

喷火枪要稍微保持距离，轻轻烧成焦色。

用圣安娜挤花嘴挤花再烧成焦色

如鲜奶油一般，可以挤出许许多多的图案（参考P35）。

失败

喷火枪太接近或太强导致烧焦的状态！

用玫瑰挤花嘴挤花再烧成焦色

如同鲜奶油一般挤花（参照P36），用喷火枪烧成焦色。

用雪克罐轻轻撒入装饰用糖粉，就完成漂亮的装饰。

沾裹后再烧成焦色

在糕点表面沾裹蛋白霜。因为沾裹的线条在烧过后会浮现出来，所以沾裹的线条要讲究。另外，沾裹太薄的话容易溶解，要注意。

整体沾裹均匀后再烧成焦色，接着用滤茶网轻轻撒入装饰用糖粉。

描绘图案后再烧成焦色

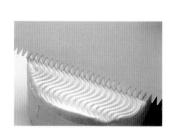

沾裹表面，用裁成山形的梳子描绘出波浪形等喜欢的图案。

用喷火枪烧成焦色后，图案即会浮现出来。

摆放适量的镜面果胶，以抹开的方式进行沾裹。但不可用力，以免破坏下层的蛋白霜图案，要注意。

红色的覆盆子会从香香甜甜的椰子慕斯中探头。
慕斯也含有意大利蛋白霜，所以口感相当轻盈！

材料（直径5.5cm的空心模4个份）

法式拇指饼干

蛋白	1个
砂糖	30g
蛋黄	1个
低筋面粉	30g
椰子粉	30g
糖粉	适量

意大利蛋白霜（慕斯和装饰用）

砂糖	60g
水	20g
蛋白	30g

可可慕斯

椰奶粉	35g
砂糖	10g
牛奶	50g
明胶粉	3g
水	15g
香草精	少许
鲜奶油（结实打发起泡）	60g
意大利蛋白霜	30g
覆盆子（冷冻）	12粒
覆盆子果酱	20g

装饰

意大利蛋白霜（慕斯使用剩的）

装饰用糖粉	适量
草莓、覆盆子、冷冻红醋栗	
	各适量
镜面果胶	适量
薄荷	适量

做法

1 参照94页制作法式拇指饼干面糊。

2 面糊装入套8mm圆形挤花嘴的挤花袋中，在烤箱纸上以横向直线挤花20cm宽度，并形成片状，尽量挤完，总长约22cm。

3 整个表面撒上椰子粉，再用滤茶网均匀撒入糖粉，放进180℃的烤箱烤约10分钟，放凉。

4 切出侧面2.5cm宽的带子。底部用直径4cm圆形模压出。两者都以撒椰子粉面当外侧，铺在空心模里。

5 （参照P45），保留慕斯用的分量，其他放入冰箱冰凉。

6 制作可可慕斯。把椰奶粉和砂糖混合，慢慢加入牛奶加以溶解。再边加入用水泡软后又经微波融化的明胶边搅匀。

7 连同容器隔在冰水上，用橡皮刮刀慢慢混合成浓稠状，再加入香草精。

8 结实打发起泡的鲜奶油和意大利蛋白霜轻轻拌和，倒入步骤7中，用打蛋器搅匀。

9 把慕斯倒入空心模六分满，用汤匙背部以摩擦侧面方式抹高到边缘，使正中央形成凹陷状。

10 覆盆子直接以冷冻状态拌入覆盆子果酱中，每份各放入2~3粒。

11 倒入剩余的慕斯，上面抹平，放入冰箱冰凉，凝固。

12 从模具取出，上面沾裹薄层的意大利蛋白霜。

13 接着用8mm圆形挤花嘴在边缘挤出重叠的两圈，用喷火枪烧成焦色。用滤茶网轻轻撒上装饰用糖粉（图1~图3）。

14 点缀草莓、覆盆子、红醋栗，再涂抹镜面果胶，摆放薄荷装饰。

椰奶粉。使用3~4倍的热水溶解，即成标准的椰奶。若用牛奶来溶解，风味更浓醇。虽方便取用，但容易潮湿、结块，所以需要密封保存。

以固定的力量依据挤花嘴的粗细，挤出重叠的两层。

要注意避免喷火枪接触到慕斯。

在隐约可看到焦色的状态下撒入少量的装饰用糖粉。同时要轻轻地摆放水果，以免破坏蛋白霜。

挤出意大利蛋白霜后再烧成焦色

马修利卡 Mashouricas

这是从比利时糕点"兰冠·朵儿"变化而成的夏日甜点。酥脆的派饼盒中充满丰富的卡士达酱和水果，最后再用意大利蛋白霜整个包覆起来。

Point

饼干贴贴补补的也OK！

材料（约11cm×20cm的长方形1个份）

派饼盒

冷冻派皮（市售）……
12cm×21cm长方形重约100g
的1片

蛋白 …………… 适量

饼干（其他糕点用剩的或者碎块都可以）………… 适量

柠檬·卡士达酱

西点·克林姆

牛奶 …………… 125g

蛋黄 …………… 1个

砂糖 …………… 30g

低筋面粉 …………… 8g

明胶粉 …………… 3g

水 …………… 15g

柠檬汁、磨泥的柠檬皮
…………… 各1/2份

鲜奶油（结实打发起泡）
…………… 100g

香蕉（切1cm厚的片）…… 1根

草莓（切1cm厚的片）
…………… 约中型8粒

装饰

意大利蛋白霜（参照P45分量制作）………… 适量

装饰用糖粉 …………… 适量

喜欢的水果（草莓、冷冻红醋栗、覆盆子、葡萄）… 各适量

镜面果胶 …………… 适量

香叶芹 …………… 适量

做法

1 将派饼盒成型，烘烤。把从冷冻库拿出解冻过的派皮，四边各切掉1~2mm，从内侧、中央切取8cm×17cm的长方形（剩下12cm×21cm，宽2cm的外框）

2 把切取出的长方形用擀面杖横擀平，每片各为12cm×21cm。用叉子在上面戳洞。接着用蛋白贴合在步骤1的外框上。

3 重叠在周围切面，用刀子纵向划刀痕（为了在烘烤的时候，能够平均浮高）。放进200℃的烤箱烤约25分钟。放凉后，在底部铺上饼干（图1）。

4 制作柠檬卡士达酱。参照94页制作西点克林姆，趁热加入用水泡软后再微波融化的明胶搅匀。再加入柠檬汁和磨泥的柠檬皮。

5 连同容器隔在冰水中，用橡皮刮刀混合。接着加入结实打发起泡的鲜奶油，再改用橡皮刮刀拌和。

6 将1/3量的柠檬卡士达酱装入派饼盒里，整平，摆放香蕉。再挤入1/3量的柠檬卡士达酱包覆地全面涂抹，形成梯形。放入冷冻库冷凉，定型。

7 意大利蛋白霜（参照45页）打发起泡。用抹刀全面性覆盖在步骤6的上面，沾裹成漂亮的梯形（图2、图3）。

8 用喷火枪烧成焦色（图4），轻轻撒入装饰用糖粉。最后点缀喜欢的水果、镜面果胶、香叶芹。

1

烘烤派饼的中途，若是正中央膨胀起来，就用汤匙背部轻轻压平以免浮高。饼干要用防潮的种类。

2

用刚完成的蛋白霜来沾裹。太厚会太甜，太薄会有光秃感，要注意。

3

为了做出美丽的角度，必须细心整理形状。

喷火枪除了能制造焦色外，也有稳定蛋白霜的效果。

沾裹意大利蛋白霜后再塑型

伊索德

Iseult

法国糕点师必备的工具①

喷火枪

● 用途

　　喷火枪能帮意大利蛋白霜、水果着上焦色，或帮砂糖焦糖化，它是法国糕点师制作糕点不可或缺的工具。在从空心模中取出慕斯或奶冻时，用喷火枪轻喷一下，就能漂亮脱模。分为会喷火的上部和瓦斯罐两部分，瓦斯用完时只要更换瓦斯罐部分即可。建议使用附有点火装置的较方便。

● 使用时的注意事项

　　由于是靠瓦斯点燃，所以操作上要十分小心。避免附近有易燃物，并在防火的操作台上操作较安全。购买时，请仔细阅读操作说明书，以防止烧伤、瓦斯漏气等危险发生。

● 从模具取出

　　轻喷模具周围即可。喷太久会使糕点融化，所以请边观察状态边操作！以压挤出糕点来脱模。

烧水果

将洋梨、杏子、凤梨等罐头水果或香蕉，先烧成焦色再装饰更漂亮醒目。但是罐头水果要先用纸巾擦干水分才能烧成焦色。由于置放的基座也会烧成焦色或变形，所以准备拿盘子当喷火专用基座。

焦糖化

也常常用来帮香草克林姆或夹心用克林姆烧成焦色。撒上糖粉等制作焦色时，可以反复喷火几次，制作焦糖层。但是不要部分性焦化，全面性均匀喷火才是要诀。

亮晶晶的巧克力色彩！

镜面巧克力

Glacage Chocolat

用巧克力制作的巧克力鲜奶油型

特效

巧克力利用温热的鲜奶油加以溶解、乳化，简单制作而成的镜面巧克力（有光泽的液体）。多半使用甜味巧克力，但有时也使用白色巧克力或者牛奶巧克力来制作。总之，使用优质巧克力，才是味美的涂层素材。因添加的鲜奶油量比松露巧克力的巧克力糖的鲜奶油量多，具备流动性。也因此需要调节到容易进行涂层或沾裹的硬度才能够使用。不像一般涂层用巧克力，经过冷却即会固化变硬，而是一直保持着柔软的状态，可说是非常适合以蛋糕为主体的糕点的镜面巧克力。涂过层的糕点，放入冷藏库冰凉后，难免会逐渐干燥丧失光泽，所以在提供给客人前才做装饰为宜。

保存

用保鲜膜紧紧包住，就可在冷藏库保存2周，放入冷藏库或放在低温解冻，调整好温度和浓度后才能使用（参照P54）。

用可可粉制作的镜子型

特效

将牛奶、砂糖、可可粉加以熬煮，加明胶粉固定而成的镜面巧克力。最大的特效是成品像镜子一般带着光泽。因砂糖和可可粉经熬煮，所以像漆一般的黑色光泽能持续很久。这种类型的镜面巧克力经过冷却也一样不会变得僵硬，依旧像果冻般柔软。适合当做冷冻的慕斯或奶冻的涂层。因抹在冷冻糕点上马上会凝固，所以想顺利涂层需要懂得一些技巧。因含有浓郁的可可味，故要注意避免涂抹得太厚。

保存

和巧克力鲜奶油一样保存。

巧克力鲜奶油型
制造

材料（完成量200g）
甜味巧克力（可可含量55% ~ 60%） ························· 100g
鲜奶油 ························· 100g

甜味巧克力切碎，放入容器。鲜奶油煮沸，倒入甜味巧克力中。

静置1分钟，等鲜奶油传热，从中央画小圆圈一般，用打蛋器慢慢搅匀。为使甜味巧克力溶解、乳化，逐渐大幅度搅拌，直到整体漂亮地乳化。但搅拌时动作要轻，避免混入气泡。

均匀乳化的巧克力鲜奶油。温热时是稀稀的状态，若要使用，要先放凉到适当的浓度或直接放入冷藏库，使其固化。

两种类型都要在使用前调整好温度和浓度

巧克力鲜奶油型和镜子型两者都会在刚做好时或加热时具备流动性，然而太稀很难进行沾裹，即使涂层也会流落。另外，若冷藏保存或放置冷却，都会逐渐凝固。所以使用时，必须先放在低温下调节浓度。

冷却
连同容器隔在冰水中，避免产生气泡下，用橡皮刮刀边轻轻混合边降低温度，调整到最佳的浓度。

加热
连同容器一起进行隔水加热，避免产生气泡的情况下，用橡皮刮刀边轻轻混合边调出最佳的浓度。用微波加热也可以，但避免加热过度。

镜子型
制作

材料（完成量180g）

牛奶	……………………	130g
砂糖	……………………	90g
可可粉	……………………	30g
明胶粉	……………………	3g
水	……………………	15g

1

在大一点的锅里放入牛奶、砂糖、可可粉。开中火，边煮边用打蛋器搅拌。

2

等可可粉熔化开始沸腾之后，边使用耐热的橡皮刮刀搅拌边熬煮。必须要煮到分量变少，产生黏度为止。注意加热时避免烧焦，基准设在103℃。

3

熄火，退高温。在开始变凉时加入入水泡软的明胶，搅拌溶解。

4

经过滤茶网过滤，去除结块的可可或明胶。

5

若直接放置，表面会产生皮膜或结块，所以要用保鲜膜直接贴面覆盖。

Point

充分放凉调节好温度和浓度后才使用！

使用镜面巧克力
制造

进行沾裹

如同镜面果胶一般，使用抹刀沾裹在糕点表面（参照P8）。但镜面巧克力一旦冷却即会迅速凝固，所以沾裹的动作要一气呵成。结束后马上连同基座和糕点一起，在操作台上敲一敲，很快地，涂抹的痕迹就会消失。

在平坦的表面进行沾裹时，镜面巧克力可以稀软一点，多倒一些，多余的从空心模边缘切断，然后轻轻敲一敲。那么之后脱模时，镜面巧克力就不会附着在侧边。

进行涂层时

和镜面果胶一样淋在冷冻的慕斯或奶冻上，全面进行涂层（参照P11）。在平坦的糕点上，倒入后马上在上面轻轻进行沾裹，让多余的镜面巧克力流落。然后，连同基座和糕点一起在操作台上敲一敲，充分去除多余的镜面巧克力。

在大型容器或盘子上摆放蛋糕架。还不熟悉时，一次从冷冻库拿出1~2个糕点来进行。从上方将温度调节好的镜面巧克力一口气从中央以画圆圈般倒入。倒多一点较不会失败。

平面的糕点上面容易堆积变厚，所以要用抹刀轻轻沾裹，去除多余的镜面巧克力。不过沾裹多次，会残留涂痕，或者大力沾裹会导致下层蛋糕裸露出来，都要注意。

为了去除多余的镜面巧克力，让上面平整，要连同蛋糕架一起轻敲。附着在边缘的镜面巧克力则用抹刀小心刮涂，移到金色托盘。这时使用2个抹刀较方便移动操作。

使用镜子型常会失败的例子

镜面巧克力太热，导致浓度不够的失败例子。因为镜面巧克力会流落，所以涂层变薄，产生棱角。

把冷冻过的糕点放在低温会产生结霜现象，若以此状态淋上镜面巧克力，即会如上图般流落下来。所以只能从冷冻库取出即将操作的分量。

镜面巧克力太凉，导致浓度过高的失败例子。因延伸度差，所以多余的镜面巧克力无法流落，形成涂层太厚。即使重新涂层依旧会如此。

倒入镜面巧克力后，重复沾裹而产生涂痕的失败例子。由于倒入冷冻糕点时会马上凝固，所以尽可能一气呵成。

右面是成功的例子，左面是失败的例子。涂层太厚时，镜面巧克力的风味会变强，而丧失整体的平衡感。

Point

挑战几次后即能掌握最佳的温度状态，胆大心细是完成本项操作的要诀！

以巧克力鲜奶油型的镜面巧克力来涂层

C.F.

巧克力蛋糕里夹着覆盆子果酱和巧克力鲜奶油，全面用镜面巧克力涂层。但首先把利口酒风味的实质充分渗入蛋糕更是个重点。

材料（长径13cm的椭圆形空心模1个份）
巧克力蛋糕
　全蛋 …………………… 60g
　砂糖 …………………… 50g
　甜味巧克力（可可粉55%）
　　………………………… 30g
　无盐奶油 ……………… 50g
　低筋面粉 ……………… 30g
　可可粉 ………………… 20g
巧克力鲜奶油型的镜面巧克力
　甜味巧克力（可可粉55%）
　　………………………… 80g
　鲜奶油 ………………… 80g
酒液（混合备用）
　覆盆子利口酒 ………… 30g
　水 ……………………… 30g
　覆盆子果酱 …………… 45g
装饰
　装饰用巧克力（圆，参照P77；龙卷风，参照P80）、喷雾金箔 …………… 各适量

做法

1 烤巧克力蛋糕。全蛋中加入砂糖，隔水加热使用打蛋器搅拌加温至约40℃。

2 改用手提搅拌器打发起泡到变白，而且舀起会如绸带般滴落的程度。

3 把甜味巧克力和无盐奶油一起隔水加热融化，再加入步骤2中轻轻拌匀。

4 加入混合过筛的低筋面粉和可可粉，用橡皮刮刀混合均匀。

5 倒入以铝箔为底的空心模，放进180℃的烤箱烤25~30分钟。上下翻面，放凉。

6 参照54页制作巧克力鲜奶油型的镜面巧克力。预先留下夹心、铺底所要用的60g，等放凉到可进行沾裹的软硬度。

7 从巧克力蛋糕和空心之间插入刀子，从空心模中取出蛋糕，上面薄薄切掉一层使其平坦，然后翻面，横切两半。

8 在当做下层的巧克力蛋糕上，用毛刷涂抹1/3量的酒液，使其渗入蛋糕，然后涂抹覆盆子果酱。

9 在另一片巧克力蛋糕的切面涂抹1/3量的酒液。同一面再用少量从步骤6预留的镜面巧克力加以沾裹，接着重叠涂抹覆盆子果酱，让覆盆子果酱和巧克力鲜奶油成为巧克力蛋糕的夹心馅料。

10 使用少量剩余的镜面果胶巧克力填铺侧面或上面的凹洞，接着以整平方式进行薄层沾裹（图1）。

11 把剩余的镜面巧克力调整为适当软的程度，从上面倒入，整体进行涂层（图2）。

12 侧边粘贴圆形的装饰用巧克力，上面摆放龙卷风形的装饰用巧克力（图3），最后点缀喷雾金箔。

填补巧克力蛋糕侧边、上面的气泡洞，仔细进行薄层沾裹，把表面整平。若有凹洞，在倒入镜面巧克力后会残存凹痕。

虽然不像镜子型那样会马上凝固，但是淋上巧克力鲜奶油型的镜面巧克力之后，也要迅速从上面、侧面进行沾裹，尽快完成操作。

龙卷风装饰用巧克力十分脆弱，故要用筷子穿过，再撕开胶片，然后轻轻摆放到糕点上。

焦糖慕斯中含有煎过的香蕉和朗姆酒葡萄干。而夹杂在饼干里的杏仁粒，不仅带来口感，也是一种装饰。

材料（小泪滴形的空心模6个份）

法式巧克力拇指饼干

蛋白	2个
砂糖	60g
蛋黄	2个
牛奶	15g
低筋面粉	48g
可可粉	12g
杏仁粉	40g

煎香蕉

香蕉	1小条
砂糖	10g
泡朗姆酒的葡萄干（切细）	10g

焦糖慕斯

砂糖	30
水（焦糖用）	少许
鲜奶油	45g
砂糖（炸弹面糊用）	30g
水（炸弹面糊用）	10g
蛋黄	1个
明胶粉	3g
水	15g
鲜奶油（结实打发起泡）	120g

香蒂利巧克力

甜味巧克力（可可粉55%）	20g
鲜奶油	60g

镜子型的镜面巧克力

牛奶	43g
砂糖	30g
可可粉	10g
明胶粉	1g
水	5g

装饰

可可粉（不易溶解的装饰用巧克力）	适量
装饰用巧克力（羽，参照P76）、金箔	适量

做法

1 参照94页制作法式巧克力拇指饼干面糊。在此把蛋黄和牛奶混合。

2 面糊分别放在2片烤箱纸上，各用抹刀抹开成22cm×22cm左右大小。其中一片全面撒上杏仁粒。

3 放进190℃的烤箱烤7~8分钟。烤好后，从烤盘取出，上面覆盖烤箱纸防止干燥，放凉。

4 放凉后，从杏仁粒的饼干上切6片侧边用2.5cm宽的带子。把有杏仁粒的那面密贴在模具侧边铺上。

5 另一片则切出比模具略小的底用饼干，放入模具中。

6 制作煎香蕉。香蕉切成5mm厚度的半月形薄片，放入平底锅加砂糖一起轻轻煎过。然后加入切细的泡朗姆酒的葡萄干。熄火，放凉。

7 制作焦糖慕斯。砂糖中放入少量的水熬煮，做成红茶色的焦糖。熄火，加入鲜奶油（直接用液体状）均匀搅拌，放凉。

8 参照94页制作炸弹面糊。加入用水泡软后再微波融化的明胶和步骤7的焦糖。

9 连同锅隔在冰水中，用橡皮刮刀慢慢搅拌到浓稠状。

10 加入结实打发起泡的鲜奶油，用打蛋器搅匀。

11 在铺饼干的模具底层撒入煎香蕉。再倒入焦糖慕斯，把上面抹平，放入冷藏库冰凉，凝固。

12 制作香蒂利巧克力。在加热到45℃的融化巧克力中倒入半量打发起泡到会慢慢流落的稀软状鲜奶油，用打蛋器搅匀。

13 再全倒回剩余鲜奶油的容器中，稍微用打蛋器搅拌后，改用橡皮刮刀拌匀。

14 用8mm的圆形挤花嘴，在从模具取出的焦糖慕斯周边挤花（图1）。再用滤茶网全面性地撒入可可粉（图2）。

15 参照55页制作镜子型的镜面巧克力。调整为稀软状态，用汤匙舀入慕斯的中央（图3）。

16 最后点缀装饰用巧克力和金箔。

1 保持挤花嘴的粗细，用均匀力量挤出。

2 可可粉要使用不易溶解的装饰专用种类，才能持久。

3 调成稀软状态后再滴落于中央凹陷处。

泪滴形的空心模。形状可爱，把简单的糕点做成这种形状。感觉焕然一新。从模具中取出时，要小心操作，避免损坏极细的尖端部分。

倒入镜子型的镜面巧克力

艾莱特
Ailette

材料（底直径12.5cm的拱形模1个份）

法式巧克力拇指饼干

蛋白 ………………………… 1个

砂糖 ………………………… 30g

蛋黄 ………………………… 1个

低筋面粉 ………………… 24g

可可粉 …………………… 6g

酒液（混合备用）

蔬果利口酒 …………… 15g

水 …………………………… 25g

香蒂利牛奶巧克力

牛奶巧克力 …………… 20g

鲜奶油 …………………… 35g

含炸弹面糊的巧克力慕斯

砂糖 ……………………… 20g

水（炸弹面糊用）……… 7g

蛋黄 ………………………… 1个

明胶粉 …………………… 3g

水（明胶用）…………… 15g

甜味巧克力（可可份55%）

……………………………… 50g

鲜奶油（打发五分的浓稠度）

……………………………… 150g

镜子型的镜面巧克力

牛奶 ……………………… 130g

砂糖 ……………………… 90g

可可粉 …………………… 30g

明胶粉 …………………… 3g

水 …………………………… 15g

装饰

装饰用巧克力（羽，参照P76）、
喷雾金箔、金箔 …… 各适量

做法

1 参照94页制作法式巧克力拇指饼干面糊。

2 装入套8mm挤花嘴的挤花袋中，在烤箱纸上直接挤出12cm以及中层用8cm的螺旋状图案。

3 放进180℃的烤箱烤约10分钟。两片都用毛刷蘸酒液刷过，使其渗入香气。

4 制作香蒂利牛奶巧克力。在加热到45℃的融化巧克力中倒入半量打发起泡到会慢慢流落的稀软状鲜奶油，用打蛋器搅匀，全部倒回剩余鲜奶油的容器中，稍微用打蛋器搅拌后，改用橡皮刮刀轻轻拌匀。

5 制作含炸弹面糊的巧克力慕斯（参照94页制作炸弹面糊）。

6 将加入水泡软后再微波融化的明胶搅匀。

7 以约45℃融化的巧克力中加入半量打发五分的鲜奶油，轻轻拌和后，倒回剩余鲜奶油的容器中。在此加入步骤6的炸弹面糊，用打蛋器搅拌到无结块。

8 把巧克力慕斯倒入拱形模约六分满。用汤匙背部以摩擦侧面方式抹高到边缘，使正中央形成凹陷状。

9 把8cm的法式拇指饼干翻面，轻轻压入凹陷处。里面也要用毛刷蘸酒液刷过，使其入香味。

10 平整地倒入香蒂利牛奶巧克力。

11 把剩余的巧克力慕斯倒至模具的边缘为止。底用的饼干翻面覆盖其上，放入冰箱冷冻。

12 确实凝固后，用喷火枪轻轻喷过，然后以滑动方式从模具取出。表面若有凹洞，要用抹刀整平。然后再次等表面凝固，再稍微冷冻备用（图1）。

13 参照55页制作镜面巧克力。放凉增加浓度后从周围淋入（图2、图3）。

14 上面点缀喷雾金箔和金箔，周边插入装饰用巧克力（图4）。

Point

先整形再涂层！

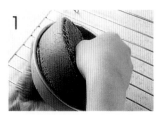

温热模具，以滑动方式顺利脱模。若表面不平整或有凹洞，要仔细用抹刀整平。

从中心以螺旋状大量淋入，较不容易失败。

让镜面巧克力自然流落，最后再轻轻敲一下，去除多余的部分。

喷雾金箔容易顺势大量喷出，所以要边转动边喷雾。最后再插入装饰用巧克力。

以镜子型的镜面巧克力来涂层

黑色太阳 Soleil Noir

含有炸弹面糊的柔软巧克力慕斯上面，重叠着牛奶巧克力的克林姆，还有榛果利口酒的香气。闪烁着黑色光芒的成品，犹如一颗"黑色太阳"。

难易度 B

法国糕点师必备的工具②

金箔和喷雾金箔

● 用途

　　作为糕点的顶饰，可以让外观更加的华丽。点缀在镜面巧克力或咖啡色的镜面果胶上，更显得古典。可以食用，而且对身体毫无伤害。

● 使用时的注意事项

　　金箔非常轻薄又会飞舞，所以使用镊子等进行装饰较方便。可用竹签或筷子尖端沾抹装饰。但沾抹金箔的面积太小就会不明显，不漂亮。尤其充当甜点的装饰时，更要大胆涂抹才有奢华感。喷雾金箔是装在喷雾罐出售的装饰用雾状金箔。做装饰时，要尽量接近糕点上喷雾。

金箔

喷雾金箔

有时用镊子或筷子夹起金箔后却无法甩落，所以只可夹住金箔的一角，让飘动的金箔贴附在糕点上。

在大面积上喷雾时，要保持一点距离。但做定点装饰时，则要近距离操作。

6

糕点上的新潮
艺术！

镜面巧克力

Dessiner avec du chocolat

特效

使用融化的巧克力或巧克力鲜奶油在慕斯或奶冻的表面绘画做装饰。上面用镜面果胶增加光泽即是美丽的艺术品。从专业用具到身边的器具，下些工夫活用各种工具来制作吧！融化的巧克力放入冷藏室就会凝固僵硬，所以直接用毛刷描绘，或先画在蛋糕胶片上再贴附糕点侧边就能轻松完成。若使用巧克力鲜奶油，要先在透明玻璃纸上画图案，再把糕点倒放在其上面。经过冷冻，撕开玻璃纸，巧克力鲜奶油的图案即会转印出来。而且在图案上切分糕点时，也不会损坏巧克力鲜奶油的图案，可保持美丽。

必要的工具

粗梳子
画粗的直线或曲线。三边都可分别使用，山形锯齿状部分可在克林姆或蛋白霜上画图案（参照P47）。

细梳子
除了糕点专用品外，也可利用身边物品。橡胶制的防震软垫可画出细线条。

极细梳子
画极细的图案。硅胶制的，另一侧是木纹图案。

毛刷
在烤制糕点上画毛刷纹路的图案。使用在巧克力上时，必须充分干燥才行。

透明玻璃纸
用来转印巧克力图案，或制作装饰（参照P74）。把市售的包装用玻璃纸，裁切成方便使用的大小即可。

用融化的 巧克力来画

巧克力的正确融化方法

把切碎的巧克力或者颗粒状的巧克力放入容器中。另一容器烧开水，开始冒气泡时熄火，把装巧克力的容器放进热水中，隔水加热。偶尔用橡皮刮刀轻轻搅拌融化。如果容器在隔水加热中持续开火，或者是其沸腾提升温度，或者热水进入巧克力中，都有危险性。大约加热到50℃以上时，品质状态就会变差，要注意。均匀融化之后，放凉到还没凝固的程度。

使用毛刷来画

在冷冻或者半冷冻的慕斯或奶冻表面，用融化的巧克力来画图案，由于基台已经过冷冻，所以图案会马上凝固。再在上面淋入镜面果胶即成。用毛刷等素材画出流苏图案会更漂亮。

用梳子在蛋糕胶片上画线 再卷包起来

使用美工刀裁切蛋糕胶片，使其宽度和糕点的高度一致，长度则和糕点的周长相同，贴附在盘子等平台上避免滑动。融化的巧克力用抹刀平涂在蛋糕胶片上，再用梳子拉出条纹图案。

从平台上拿起蛋糕胶片，在避免破坏图案的情况下，紧密卷包在慕斯或奶冻的侧边。由于是直接贴在冷冻过的糕点上，所以会马上凝固。但是，若是胶片贴歪，或者开始卷包时就破坏了图案，之后便无法再矫正，所以必须要一次成功。放入冷藏库充分冰凉后，撕开蛋糕胶片，条纹图案即会转印到糕点上。

转印在糕点上

1

参照54页制作巧克力鲜奶油。因为太热会使图案流动，所以要放凉到还没凝固的程度。

2

把玻璃纸密贴在盘子上避免移动。用抹刀把适量的巧克力鲜奶油平涂在玻璃纸上，再用梳子画出喜欢的图案。因为巧克力鲜奶油不会马上凝固，所以万一失败，也可以矫正几次。

Point

空心模避免移动！

3

空心模固定摆好，放入冰箱冷藏。要注意空心模不可移动，再依据完成品的相反程序（从上而下）来完成糕点。

4

放入冷冻库凝固。若不经冷冻，巧克力鲜奶油的图案无法漂亮地转印在糕点上，而且撕开玻璃纸时也会有粘黏现象。从冷冻库拿出糕点，要马上翻面，一口气撕掉玻璃纸。

5

把撕开玻璃纸的面朝上，沾裹镜面果胶即成。

Point

趁尚未融化时以纵向撕开！

靠梳子的粗细画出各种图案

粗梳子可画出清楚的直线

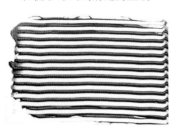

细梳子可画出流动状的波浪

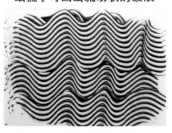

极细梳子可画出艺术图案

由草莓和葡萄柚两层慕斯组合的小型巧克力蛋糕。并且
用红色镜面果胶和巧克力鲜奶油描绘直线的装饰图案。

材料（直径5.5cm的空心模4个份）

法式拇指饼干

蛋白 ……………………… 1个

砂糖 …………………… 30g

蛋黄 ……………………… 1个

牛奶 …………………… 5g

低筋面粉 ………………… 30g

装饰用巧克力鲜奶油

甜味巧克力（可可份55%）

……………………… 20g

鲜奶油 ………………… 20g

草莓慕斯

草莓（冷冻）

……………………… 100g

砂糖 …………………… 30g

明胶粉 …………………… 4g

水 ……………………… 20g

柠檬汁 …………………… 5g

鲜奶油（结实打发起泡）… 60g

酸味慕斯

蛋白 …………………… 20g

砂糖（蛋白霜用）……… 12g

葡萄柚果汁 ……………… 35g

磨泥的葡萄柚皮 ……… 1/6个

砂糖 ……………………… 8g

明胶粉 …………………… 3g

水 ……………………… 15g

鲜奶油（结实打发起泡）

……………………… 40g

草莓（冷冻草莓状态切两半）

………………………6粒

装饰

红色镜面果胶（参照P6）

……………………… 适量

草莓、覆盆子、冷冻红醋栗

……………………… 各适量

香叶芹、金箔 ……… 各适量

做法

1 参照94页制作法式拇指饼干面糊。这里是把蛋黄和牛奶一起加入。

2 把面糊铺在烤箱纸上，用抹刀抹开成20cm×22cm。

3 放进190℃的烤箱烤8~9分钟。烤好后，从烤盘取出，上面覆盖烤箱纸防止干燥，放凉。

4 底用直径5cm、中层用直径3.5cm模具各压出4个。

5 参照54页制作巧克力鲜奶油。把巧克力鲜奶油涂抹在玻璃纸上，用粗梳子画图案。盖在空心模上，冰凉，凝固（参照P67）。

6 制作草莓慕斯。草莓解冻，用果汁机打成果汁。

7 边加入砂糖，用水泡软后再微波融化的明胶、柠檬汁，边搅匀。连同容器隔在冰水上，用橡皮刮刀搅拌到浓稠状。

8 加入结实打发起泡的鲜奶油，用打蛋器搅拌到无结块。

9 平铺倒入步骤5的模具中。摆放中层用饼干，放进冷藏库。

10 制作酸味慕斯。蛋白打发起泡到产生量感后，加砂糖继续打发起泡成结块的蛋白霜。使用半量16g。

11 把葡萄柚果汁、磨泥的葡萄柚皮和砂糖混合，再边加水泡软后又微波融化的明胶，边搅匀。连同容器放在冰水上，用橡皮刮刀搅拌到浓稠状。

12 用打蛋器混合结实打发起泡的鲜奶油和16g的蛋白霜，然后倒入步骤11的果汁里，搅拌到无结块。

13 倒入步骤9的模具中，再分别压入3片切两半的草莓。

14 摆放底用的饼干，轻压密贴。放进冷冻库确实凝固（图1）。

15 翻面，一口气撕掉玻璃纸，沾裹红色镜面果胶。脱模（图2、图3）。

16 最后点缀水果、香叶芹和金箔。

由于是上下颠倒放置，所以用盘子从上面抵住后再翻面较容易。

一口气撕开玻璃纸。若空心模周边附着镜面果胶，则用抹刀去除。

沾裹稍微厚些，成品会更加绮丽。

用粗梳子画出直线的巧克力图案

美美 MeMe

难易度 A

软绵绵的巧克力蛋糕里夹着酥脆脆的千层酥和巧克力鲜奶油，整个再用香喷喷的焦糖咖啡慕斯包覆起来。是味道和口感都与众不同的甜点。

材料（长径13cm的椭圆形空心模1个份）

巧克力蛋糕

全蛋 ……………………	30g
砂糖 ……………………	30g
无盐奶油 ………………	25g
甜味巧克力（可可粉55%） ……………………	15g
低筋面粉 ………………	15g
可可粉 …………………	10g

千层酥

牛奶巧克力 ……………	5g
果仁糖泥（参照P22）…	10g
脆片（参照P83）………	15g
巧克力鲜奶油（装饰用和夹心用，参照P54制作）	
甜味巧克力（可可粉55%） ……………………	40g
鲜奶油 …………………	40g

焦糖咖啡慕斯

砂糖（焦糖用） ………	30g
水（焦糖用） …………	少许
鲜奶油 …………………	30g
蛋黄 ……………………	1个
砂糖（炸弹面糊用） …	30g
水（炸弹面糊用） ……	10g
明胶粉 …………………	3g
水（明胶用） …………	15g
即溶咖啡 ………………	3g
热水 ……………………	10g
鲜奶油（结实打发起泡） ……………………	120g

装饰

镜面果胶 ………………	适量
即溶咖啡 ………………	适量
加可可粒的焦糖装饰物（参照P87）………………	4~5片
榛果、美洲山核桃、	
金箔 ……………………	各适量

做法

1 参照58页制作烤巧克力蛋糕，放凉。在此是以180℃烤14~16分钟。

2 蛋糕周围先切掉1cm，然后分切成两片。蛋糕十分脆弱，要小心操作。

3 制作千层酥。把牛奶巧克力和果仁糖泥混合，隔水加热溶解，接着加入脆片混合均匀。

4 把步骤3平铺抹开放在下层的巧克力蛋糕上。

5 把半量的巧克力鲜奶油涂抹在上层的巧克力蛋糕上。然后翻面覆盖在步骤4的千层酥上，当做夹心。放进冷藏库冰凉。

6 把剩余的巧克力鲜奶油倒在玻璃纸上，用粗梳子画波浪图案。盖在空心模上，冷藏备用（参照P67）。

7 制作焦糖咖啡慕斯。砂糖加少量的水熬煮，做成红茶色的焦糖。熄火，加入鲜奶油（直接

以液体状态使用），搅拌均匀，放凉。

8 参照94页制作炸弹面糊。然后加入用水泡软后再微波融化的明胶以及步骤7的焦糖。

9 接着加入用热水溶解的即溶咖啡。连同容器隔在冰水上，用橡皮刮刀搅拌到浓稠状。

10 加入结实打发起泡的鲜奶油，用打蛋器搅拌到无结块。

11 把焦糖咖啡慕斯倒入模具中，用汤匙背部以摩擦侧面方式抹高到边缘，使正中央形成凹陷状。

12 把步骤5的夹心用巧克力蛋糕翻面，压入凹陷中。放进冰箱冷冻，确实凝固。

13 一口气撕掉玻璃纸，图案即会附着在上面。用镜面果胶、热水溶解的即溶咖啡画图案（图1~图3）。

14 插入加可可粒的焦糖装饰物，再点缀榛果、山核桃和金箔。

椭圆形的空心模。有各种尺寸和形状。使用在凡奈莎（参照P30）的是前端变尖的椭圆形。

1

抵住盘子翻面，纵向撕开玻璃纸。

2

涂抹镜面果胶制作光泽。

3

利用咖啡色可加深整体的纹路，让整体看起来更典雅。

用粗梳子画波浪图案，再用镜面果胶做成大理石纹

塔蜜雅 Tamia

在微苦的香蒂利巧克力中搭配覆盆子，不仅内部含有覆盆子果粒，连镜面果胶也加入覆盆子果粒，来强调酸味和口感。

材料（边长3cm的六角形空心模4个份）
圣法利内巧克力饼干
　蛋白 ……………………… 1个
　砂糖 …………………… 30g
　蛋黄 ……………………… 1个
　可可粉 ………………… 13g
香蒂利巧克力
　甜味巧克力（可可粉55%）
　…………………………… 80g
　鲜奶油 ……………… 150g
　覆盆子（冷冻）……… 12粒
覆盆子镜面果胶
　覆盆子果酱 …………… 20g
　覆盆子（冷冻）……… 20g
装饰
　甜味巧克力（画线用）… 适量
　覆盆子、冷冻红醋栗 …各8粒
　切碎的开心果、金箔、
　装饰用巧克力（环，参
　照P80）……………… 各适量

做法
1 参照94页制作圣法利内巧克力饼干的面糊。
2 把面糊铺在烤箱纸上，用抹刀抹开成20cm×24cm，5mm厚。
3 连同烤箱纸摆放在烤盘上，放进200℃的烤箱烤7~8分钟，上面覆盖烤箱纸防止干燥，放凉。
4 用六角形的空心模压出8片。其中1片饼干铺在模具底部。
5 制作香蒂利巧克力。把切碎的

巧克力隔水加热到约45℃加以融化。
6 倒入半量打发起泡到会慢慢流落的稀软状鲜奶油，再用打蛋器搅拌至呈现甘那许（ganachc）状。
7 再全部倒回剩余鲜奶油的容器中，稍微用打蛋器搅拌后，改用橡皮刮刀拌匀。但搅拌过度会产生分离现象，要注意。
8 把香蒂利巧克力装入套8mm圆形挤花嘴的挤花袋中，挤入步骤4的模具约一半高度为止。
9 各摆放3粒覆盆子，轻轻压入。然后平铺另一片饼干。
10 挤入剩余的香蒂利巧克力，用抹刀抹平。为了方便脱模，放进冰箱冷冻。
11 制作覆盆子镜面果胶。把材料混合，用微波炉加热。沸腾时从微波炉拿出充分搅匀，放凉（图1）。
12 以稍微厚层的程度沾裹在香蒂利巧克力上面（图2）。
13 模具先用喷火枪或瓦斯炉火轻烧一下再脱模。
14 把融化的甜味巧克力倒在蛋糕胶片上，用梳子画条纹图案（参照P66），再卷包起来（图3）。
15 最后点缀覆盆子、红醋栗、切碎的开心果、金箔和装饰用巧克力。

添加覆盆子颗粒的镜面果胶，不仅增加口感，也有酱汁的作用。

沾裹厚层来强调覆盆子的风味和酸味。

一遍一遍仔细卷包。如果马上挤压，图案会模糊掉。

六角形的空心模。小型的用在22页的露德维卡，92页的教堂。为了使角度线条利落呈现，压模时要垂直按压。从模具拿出糕点时，要以半冷冻状态才能漂亮脱模。大型的用在18页的桑尼亚。

画出极细线条在侧边制作直线图案

月莎 Risa

7

用巧克力币制作的
糕点饰品

装饰用巧克力

Décor Chocolat

用途

使用可可粉多的优质巧克力币制作精致、有艺术风格的饰品，作为装饰用巧克力。配合成品的色调，区分使用甜味巧克力或白色巧克力。可以摆放在沾裹镜面果胶的慕斯上，或者插在鲜奶油挤花上。想想看，如何借由这般装饰，练成和高级糕点师并驾齐驱的装饰水平。只要学会调温操作，再下些功夫即能创作各种特别的造型。像在玻璃纸上画图一般，尽情挑战吧！

特效

用巧克力币制作饰品前，最重要的是调温的操作。巧克力一旦融化过度，即使直接放凉凝固，也无法恢复原状。因为调温错误，会浮现称为粉背的白色结晶，或无法完全凝固等非常微妙的变化。经过过度调温完成的装饰用巧克力会固化变硬，而且会闪烁漂亮光泽。但装饰用巧克力是非常纤细、脆弱的，只是手的温度就会使其融化，所以摆放在糕点上时务必小心。有时边拿在手上边考虑装饰方法时，就会从拿着的部位开始融化。因此进行细腻装饰时，最好使用镊子。

保存

原料的巧克力币应保存在15℃以下的阴暗处。夏天要放在冰箱冷藏。惧怕温度变化和湿度，所以要确实密封，且趁早用完。大约可保存6个月。完成的装饰用巧克力应连同玻璃纸一起放入密封容器等保存。夏天放进冰箱容易吸收异味，要注意。

注意事项

由于制作巧克力币的厂商众多，所以出售的种类不胜枚举，价格落差也大。其中甜味巧克力因可可粉高达55%~66%左右，较容易使用。值得推荐。

调温有好几种方法。在此要介绍的是巧克力量少，家庭方便实行的方法。

溶解

参照P66页，隔水加热融化巧克力。最少准备200g较方便操作。加热到巧克力温度至45~50℃为止（白色巧克力或牛奶巧克力则到40~42℃）。为了防止蒸汽渗入，隔水加热的锅和装巧克力的容器尽量使用相同大小。

冷却

接着降低巧克力温度。在另一容器放进3~4个冰块的冷水，把装巧克力的容器隔在冰水上。注意避免水进入容器。会从周围开始冷却，用橡皮刮刀慢慢地搅拌，为了避免产生气泡，动作要轻。温度逐渐降下时，会因浓度增加而变重。为了怕冷却过度，一开始出现浓度时就拿离冰水，冷却不足时再重放回冰水中，以这种方式边观察边降温到27℃左右。

加热

再一次隔水加热，提高温度。隔热水，边搅拌边融化巧克力。最后加热到31~32℃（白色巧克力或牛奶巧克力则要到30℃），没有结块的巧克力。如果超过以上温度时，则请继续加热到45~50℃为止，从头重新操作。操作中也要保持温度，若降温凝固之后，也用同法加热，再恢复温度。

测试

测试看看调温是否正确。在蛋糕胶片上涂抹少量调过温的巧克力。置放在阴凉场所。
一会儿后，巧克力即会凝固，周围的胶片会稍微萎缩。如果粘黏在胶片的那面产生光泽，就表示调温成功。

常见的调温失败例子

温度调整错误，就无法制作美丽的饰品。故要再次溶解，重新进行调温作业。

吹风机是方便的工具

失败

无法从胶片上分离，很快变软的状态。

失败

因为糖粉或脂质浮出，产生称为粉背的白色斑驳图案。

操作中若巧克力温度下降，会导致从容器周围开始凝固，或者粘黏在器具上的巧克力固化时，可以用吹风机的热风来改善。由于在微调巧克力温度时，不会使温度急速上升，所以相当方便。但是禁止吹得太久。

制作装饰用巧克力的
高明技巧

用手指画图案

使用调过温的巧克力，在透明胶片上或蛋糕胶片上描绘图案。

羽

把透明的胶片密贴在操作台上。用中指蘸巧克力，置放在胶片上。

像羽毛般轻轻拉出图案。图案有强弱之分才漂亮，但是如果用力摩擦，颜色会变淡或出现皲裂状。

先画羽毛，使其呈现卷曲状，凝固。

卷羽

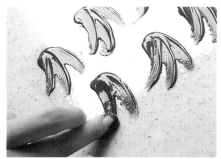

重叠3片羽毛状的图案，也可以做成卷曲状。

圆

旋转画出圆形。中心稍微淡些，即会呈现漂亮的透明感。

蜗牛

画圆到最后，以像写9字拉出尾巴。

用梳子画图案

使用65页介绍的梳子来制作各种造型。在此介绍的是细梳子的应用法。由于经过调温的巧克力，涂抹后会迅速凝固，所以动作必须迅速流畅才行。

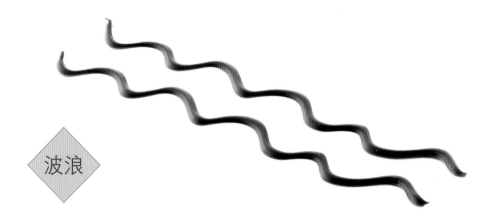

波浪

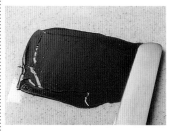

透明胶片密贴在操作台上，用抹刀将调过温的巧克力抹开。

马上用梳子画出波浪图案。

直接静置固化，凝固后才保存。使用时从玻璃纸上撕开。

用抹刀将巧克力以横长形滴落在玻璃纸上。

从正中央用梳子以画半圆方式抹开。也可做成卷曲状。

翼

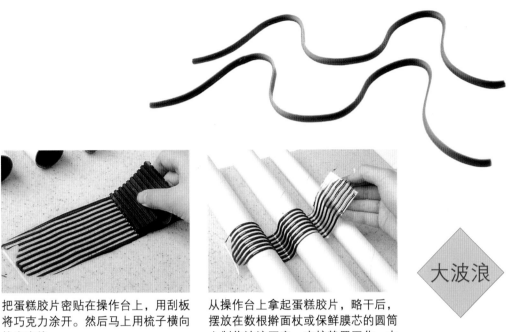

把蛋糕胶片密贴在操作台上，用刮板将巧克力涂开。然后马上用梳子横向拉出直线。

从操作台上拿起蛋糕胶片，略干后，摆放在数根擀面杖或保鲜膜芯的圆筒上制作波浪图案，直接静置固化。由于干燥后就无法弯曲成波浪而且容易断裂，所以要在适当的时候进行弯曲操作。

大波浪

连续波浪

要领和制作大波浪时相同，但用梳子拉直线时，边端要保留7mm左右才开始进行。

摆放成大波浪状等待凝固。撕开胶片后避免凌乱，可连接成大型饰品。

龙卷风

把蛋糕胶片密贴在作业台上，用刮板涂开巧克力，边端保留7mm左右，马上用梳子横向拉出直线。

略干后在避免重叠的情况下，把直线图案朝内侧卷入圆筒内，直接静待固化。

撕胶片时，要插入筷子等棒状物，然后从连接处开始撕开。

环

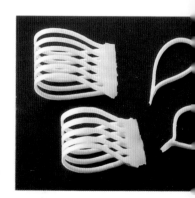

把蛋糕胶片裁成12cm长，用梳子画出直线。

略干后，把两端贴合。短的胶片也可卷成圆圈状。

法国糕点师必备的工具③

蛋糕胶片和金色托盘

蛋糕胶片
● 用途

　　观看法国糕点店橱窗，会发现每个糕点几乎都卷着蛋糕胶片。因为放在冷藏库中会变得干燥，或容易附着异味，所以才在糕点的切面或周围卷上胶片。而且还能避免携带回家途中，糕点在盒子内彼此碰撞受损。在家中制作糕点也一样，想赠送他人糕点时，也请使用蛋糕胶片来包装吧！漂亮卷包胶片的要诀是胶片的宽度要比糕点的高度小一点。因为胶片若比糕点周边高的话，利落的边缘就无法看见。为此，胶片太宽时必须用刀裁剪掉。

金色托盘
● 用途

　　主要用来盛装小蛋糕等糕点。也可用铝盘盛装。但金色托盘看起来更加正式。尤其是用镜面果胶或镜面巧克力装饰的糕点，托盘还能防止汁液流落。除了圆形以外，还有正方形、椭圆形等。另外还有甜点专用的大型金色底纸。

看起来漂亮，吃起来美味！
口感十足的装饰

Décor Croquant

法国糕点师的糕点，除了讲究味道、香气之外，也追求美好的口感。浓郁奶香中的酥脆口感，也能成为整体风味的焦点。而用来装饰的饰品，除了增添美观外，也能充当具备口感的好吃素材，制作出毫不输给糕点店的西点。虽然采用市售的顶级素材即可轻松玩装饰，但自己制作，更能提升水准。在一段时间里为了能够保持酥酥脆脆的口感，请保存在密闭容器里，并尽量在食用前才打开。把适合糕点风味、口感的素材加以组合，挑战装饰吧！

可可粒

杏仁糖

即食脆片

原料

将巧克力原料的可可豆胚乳经过焙煎、粗磨而成。

原料

使用杏仁和砂糖做成焦糖，再打碎成细粒状。

原料

用面粉、砂糖、油分等制作面糊，再烤成薄薄的脆片。

用途

主要特征是苦味不太强，但含有巧克力的香气以及芳香酥脆的口感。可充当巧克力顶饰或夹在薄薄的杏仁瓦片（参照P84）里，也可混合在奶油蛋糕等糕点中使用。

用途

利用坚果和焦糖的香气以及酥脆的口感，撒上或粘黏在糕点上以增加口感。

用途

当做装饰时是粘黏在糕点的周围。糕点要涂层镜面巧克力，或沾裹鲜奶油，才容易附着。也可和巧克力或核桃糖混合，当做糕点或巧克力软糖的夹心馅料。以轻盈的酥脆口感为特效。

自家制作
具备口感的装饰

杏仁瓦片

　　亦即烤成薄片的杏仁酥饼。由于奶油中的水分多，分量少，所以烤到沸腾状态时会呈现蜂巢形状，是酥脆又芳香的新潮糕点饰品。

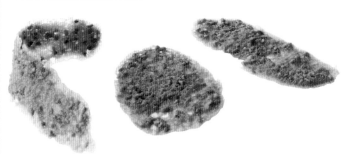

材料（约15片份）

无盐奶油·······················	10g
水 ·······························	10g
砂糖·······························	22g
低筋面粉（面糊使用低筋	
面粉9g，可可粉2g）·····	11g
杏仁粒·························	10g

杏仁瓦片的变化型

　　改用可可面糊来制作，也可用可可粒或芝麻来取代杏仁粒。

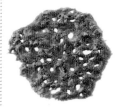

在可可面糊中加入杏仁粒，也可加入切碎的其他坚果。

加入黑芝麻，直接当烤饼来吃。

在可可面糊中加入可可粒，成为有个性的点心。

1

融化无盐奶油，依序加入水、砂糖和过筛的低筋面粉，用打蛋器搅拌。再加杏仁粒混匀。

2

用汤匙舀出适量，滴落在烤箱纸上，抹开到有些透明的薄层状即可。

3

放进180℃的烤箱烤8~9分钟。

4

刚考完时会软软的，但很快就会变脆，做成适当大小来装饰，也可趁还软时，放入圆筒模具等，做成卷曲状。

糖酥顶饰

把松散状的面糊烤成随性的造型。以酥脆的口感和量感为特效。原本是很少直接拿出来烘烤，多半摆放在挞或烤制糕点上当作顶饰，但是现在也当成装饰素材来活用。不适合搭配属于口味淡的轻盈点心，但是和浓郁厚重的糕点搭配却是十分对味的。

材料

无盐奶油……………………	20g
糖粉………………………	15g
杏仁粉……………………	5g
低筋面粉（可可面糊使用低筋面粉15g，可可粉5g）…	20g

1

无盐奶油用打蛋器打成克林姆状。加糖粉搅匀，再加入杏仁粉、过筛的低筋面粉，用橡皮刮刀以切拌方式拌到无干粉为止。连同容器放入冷藏库静置30分钟。

2

面糊变硬之后，用叉子捣成松散状。

3

用手指捏出一些面糊放在烤箱纸上。

4

放进180℃的烤箱烤约10分钟，烤到有焦色程度。

糖酥顶饰的变化型

改用可可面糊来制作，混合香辛料和切碎的坚果。

原味面糊。

加入香辛料。除了肉桂外，还可加肉豆蔻。

加核桃，也可加切碎的杏仁或山核桃。

加可可粉，烤成后更芳香。

脆糖杏仁粒

砂糖放入小锅，加水到全部砂糖都能浸到水的程度。开中火熬煮。沸腾至水分开始慢慢收干时熄火。基准是115~118℃。

马上加入杏仁粒，用木刮刀充分拌匀。

这是在杏仁粒上裹糖衣，炒出香气而成。先熬煮糖浆，然后裹在杏仁上，等其结晶变白后，再炒一下。借由炒的程度变化香气、颜色和口感。

继续搅拌到黏稠的糖浆变成白色结晶状裹在杏仁粒上。要保持松散状继续搅拌。

再度开中火，边搅拌边炒。渐渐地会散发出香气，而且开始变色，炒到适合使用的程度。

材料

砂糖	30g
水	10ml
杏仁粉	30g

倒在盘子或硅胶垫上。

颜色的变化

借由炒的程度，制作从白色到焦茶色的变化。

只是糖化的颜色，缺乏香气。

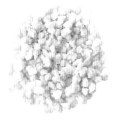

稍微炒到开始散发香气时的颜色，有恰到好处的口感和风味。

继续炒到焦糖色。适合用在咖啡、糖煮水果、焦糖风味等的糕点。

焦糖

材料

砂糖·······························60g
水 ·······························20ml

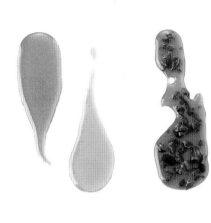

熬煮砂糖，以喜欢的颜色和形状加以凝固，做成像糖稀般的饰品。靠熬煮的程度来形成从淡金黄到浓焦色等种种色彩。是具有透明感的美丽装饰品。为了能确实吃到其香香脆脆的口感，必须在使用前才装饰在糕点上。

砂糖放入小锅里，加水到全部砂糖都能浸到水的程度。开中火煮到周围开始变色之后，轻晃锅子，让全体颜色一致。煮到适当的颜色后熄火，锅底轻轻沾水，靠余温变出漂亮的颜色。

以细线状地流入硅胶垫上，做成喜欢的大小和形状。冷却后即会马上凝固。

完全放凉后，避免附着指纹，从硅胶垫上剥离当做装饰。剩余的可再次开火煮成更浓色彩，同法制作饰品。

硅胶垫

是使用玻璃纤维制造的厚质垫子。不怕冷冻或烤箱热度，制作糖稀或巧克力等细工点心时十分方便。由于置放在操作台上稳定不晃动，所以擀面团时也常使用。制作焦糖饰品时也很便利，但没有硅胶垫时，利用烘焙纸也无妨。大小种类繁多，请选择方便使用的种类。

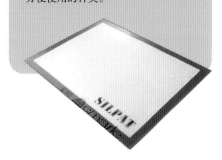

焦糖的变化型

在倒入硅胶垫之前，可以加入杏仁粒或可可粒等粒状物。

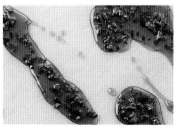

加入可可粒。希望更薄片时，在倒入硅胶垫后马上连同硅胶垫倾斜轻轻摇晃，让焦糖延伸变薄即可。

尽量重现曾在德国吃过且充满感动的法兰克福王冠挞。能品尝到多彩维也纳蛋糕和酥脆的脆糖杏仁粒两种截然不同的口感。装饰焦糖，呈现"德国太阳"的感觉。

材料（底径15cm的咕咕霍夫模1个份）

维也纳蛋糕

全蛋	80g
砂糖	40g
低筋面粉	28g
浮粉（淀粉的精制品，可用淀粉或玉米粉替代）	28g
磨泥的柠檬皮	1/3个
香草油	少许
无盐奶油	15g

奶油克林姆

蛋黄	1/2个
砂糖	50g
牛奶	55g
无盐奶油	80g
覆盆子果酱	20g

脆糖杏仁粒（参照P86）

杏仁粒	30g
砂糖	30g
水	10g

装饰

装饰用糖粉	适量
焦糖（参照P87）	适量

做法

1 烤维也纳蛋糕。全蛋中加入砂糖，隔水加热到40℃左右，边加温边用打蛋器搅拌。

2 改用手提搅拌器打发起泡直到变白，舀起会如绸带般滴落的结实打发状态。

3 加入混合过筛的低筋面粉和浮粉。用橡皮刮刀混合到有光泽又浓稠。

4 加入磨泥的柠檬皮和香草油。接着再加入用微波融化的无盐奶油，混合搅拌均匀。

5 模具里先涂抹融化的奶油（分量外），冰凉凝固后再撒低筋面粉（分量外），并拍落多余的面粉。

6 放进180℃的烤箱烤约20分钟。从模具取出，直接放凉。

7 制作奶油克林姆。参照94页制作奶冻的安格列兹酱。但这里不加明胶粉。熄火后连同容器隔在冰水中冰凉。

8 把无盐奶油打成克林姆状，再慢慢加入安格列兹酱混合。由于容易分离，所以要一点一点地加入才行。

9 将放凉的维也纳蛋糕切成3片。

10 下层沾裹奶油克林姆。

11 把装入覆盆子果酱的塑料挤花袋剪一小洞，在奶油克林姆上挤入两圈（图1），以此当夹心覆盖中层的维也纳蛋糕。

12 反复进行步骤10和步骤11，叠成3层。把剩余的奶油克林姆以覆盖方式全面沾裹（图2）。

13 在奶油克林姆上粘黏多量的脆糖杏仁粒（图3）。

14 最后撒上装饰用的糖粉。制作焦糖饰品（参照P87），剥离适当大小插入装饰。

让切片时的每个切口都能露出红色果酱的方式挤入。

连环状的内侧也要沾裹。以安格列兹酱为基底的克林姆入口即化，十分好吃。

全面粘黏脆糖杏仁粒时，要轻轻压挤才能密贴。

咕咕霍夫模。主要用在烤制糕点上，图片是镀铬加工品，只要涂抹奶油就能轻松脱模。其他材质的模具则需再撒粉做成两层涂层才方便脱模。

裹上脆糖杏仁粒装饰焦糖

太阳 D.sol

沾裹镜面巧克力装饰可可瓦片

随想曲 Caprice C

巧克力鲜奶油的挞里混合着柑橘类，能同时享受到滑润巧克力鲜奶油的口感以及柳橙、伊予柑、金橘各不相同的酸味和香气。

材料（底面直径5.5cm，高2cm的挞模4个份）

挞皮面团

无盐奶油	35g
糖粉	25g
蛋黄	20g
香草油	少许
低筋面粉	60g

圣法利内巧克力饼干

蛋白	1个
砂糖	30g
蛋黄	1个
可可粉	13g
切碎的柳橙皮	30g

巧克力鲜奶油

牛奶巧克力	60g
鲜奶油	50g

可可瓦片（参照P84）

无盐奶油	10g
水	10g
砂糖	22g
低筋面粉	9g
可可粉	2g
可可粒	10g

装饰

镜子型的镜面巧克力（参照P55）…… 适量
糖浆煮金橘（市售），伊予柑的皮（市售，或用柳橙皮替代），切碎的开心果 …… 各适量

做法

1 参照28页"蓝莓挞"做法1~4的步骤，素烤挞皮面团。

2 参照94页制作圣法利内巧克力饼干面糊。把面糊铺在烤箱纸上，再用抹刀抹开成20cm×24cm，5mm厚。

3 然后连同烤箱纸摆放在烤盘上，放进200℃的烤箱烤7~8分钟。烤好后，从烤盘取出，上面覆盖烤箱纸防止干燥，放凉。

4 用4.5cm的圆形模压型，铺在素烤的挞皮面团底部。摆放切碎的柳橙皮（图1）。

5 用牛奶巧克力制作巧克力鲜奶油（参照P54）。倒入步骤4中，放入冷藏库冰凉，凝固（图2）。

6 沾裹镜面巧克力（图3）。

7 可可瓦片做成适当大小，插入装饰（图4）。点缀金橘、伊予柑和切碎的开心果。

1

在素烤的挞中铺饼干，具有调节巧克力鲜奶油的量以及防潮的作用。

2

因为甜味巧克力会压过柳橙皮的风味，所以使用风味较柔和的牛奶巧克力做的巧克力鲜奶油来当馅料。

3

如果太稀会流落，要注意。

4

改变大小，做出变化感，并在使用前才装饰。

难
易
度 **C**

在含蓝纹乳酪的极品乳酪上，装饰搭配性超群的洋梨。侧边还贴着口感和克林姆呈现对比的糖酥顶饰，让品尝的过程充满变化。

材料（边长3cm六角形空心模4个份）

法式拇指饼干

蛋白	1个
砂糖	30g
蛋黄	1个
牛奶	5g
低筋面粉	30g

法式奶油乳酪

奶油乳酪	100g
蓝纹乳酪（这里是使用 stilton cheese）	25g
砂糖	20g
牛奶	30g
明胶粉	3g
水	15g
鲜奶油	80g
洋梨（罐头切丁，每块用纸充分擦干水分）	半个

糖酥顶饰

奶油	20g
糖粉	15g
低筋面粉	20g
杏仁粉	5g
核桃（切碎）	10g

装饰

鲜奶油（装饰用）	60g
洋梨（罐头，装饰用）切两半	4个
镜面果胶	适量
小茴香、冷冻红醋栗	各适量

做法

1 参照94页制作法式拇指饼干面糊。在此是把牛奶和蛋黄一起加入。

2 把面糊铺在烤箱纸上，用抹刀抹开成20cm×22cm大小。

3 连同烤箱纸摆放在烤盘上，放进190℃的烤箱烤8~9分钟。烤好后，从烤盘取出，上面覆盖烤箱纸防止干燥，放凉。

4 以底用的六角形模以及小1号的六角形模各压出4个。

5 制作法式奶油乳酪。奶油乳酪用打蛋器搅拌变软，接着加入蓝纹乳酪，加入砂糖，再一点一点地加入牛奶。

6 加入用水泡软后再微波融化的明胶混合。接着加鲜奶油（液体状态可直接使用）拌匀。

7 模具底部铺底用饼干，倒入半量的法式奶油乳酪。

8 撒入切丁的洋梨。摆放中层用的饼干，轻轻压挤。再倒入剩余的法式奶油乳酪，放进冷藏库冰凉，凝固。

9 参照85页烤糖酥顶饰，在此是加核桃制作。

10 把结实打发起泡的鲜奶油，用13mm的圆形挤花嘴挤成拱形状（图1）。

11 洋梨切片并排摆放，用纸充分擦干水分，再使用喷火枪轻喷。然后贴在鲜奶油上面（图2、图3）。

12 挤出镜面果胶，用毛刷刷开（参照P11），点缀小茴香和红醋栗。

13 侧边贴上糖酥顶饰（图4）。

有如roquefort般味道较强烈的蓝纹乳酪，但英国制的stilton或corconzoila的乳酪风味柔和，多使用在糕点上。混合奶油乳酪是为了使味道更顺口，所以可依喜好调节分量，也可添加核桃或蜂蜜等。

1 从模具取出，在正中央挤出半球形。鲜奶油若太稀软容易变形，必须注意。

2 尽量切薄片，把棱角烧出焦色。但若不擦干水分，无法烧出美丽焦色。

3 一片一片仔细重叠。切片时要调节成适当大小。

4 贴上和蓝纹乳酪绝配的核桃糖酥顶饰。

贴上含有核桃的糖酥顶饰

教堂
Kirke

难易度 **A**

基本的面团和克林姆

奶冻（bavarois）的安格列兹酱

材料（分量参照各配方）

蛋黄
砂糖
牛奶
明胶粉
水

做法

1 蛋黄和半量的砂糖用打蛋器彻底搅拌。
2 剩余的砂糖和牛奶放入锅里煮沸，熄火。
3 在步骤1中加入1/3的牛奶，用打蛋器搅拌均匀，然后全部倒回步骤2的锅里，搅拌均匀。
4 开小火，使用耐热的橡皮刮刀，从锅底搅拌加热，加热到滑润状态。基准温度约81℃。若加热过度，蛋黄就会凝固而产生气泡，要特别的注意。
5 熄火，马上加入用水泡软的明胶，靠余温融化。
6 参照各种配方，放凉到浓稠状。

西点克林姆

材料

蛋黄·······················1个
砂糖·······················30g
低筋面粉···················8g
牛奶·······················125g

做法

1 蛋黄和半量的砂糖用打蛋器彻底搅拌。接着加入过筛的低筋面粉。
2 把剩余的砂糖和牛奶放入锅里煮沸，熄火。
3 在步骤1中加入1/3量的牛奶，用打蛋器搅拌均匀，然后全部倒回步骤2的锅里并搅拌均匀。
4 开中强火，一口气加热。一开始容易烧焦、结块，所以要用耐热的橡皮刮刀从锅底边搅拌边加热，沸腾到克林姆状后，改以避免烧焦的程度缓慢搅拌。直到黏度降低，感觉较轻盈时就熄火。
5 倒入较大的容器，贴着表面覆盖保鲜膜。把容器隔在冰水中，加速冷却。

法式巧克力拇指饼干

材料（分量参照各配方）

蛋白
砂糖
蛋黄
低筋面粉
可可粉

做法

1 蛋白用手提搅拌器打发起泡，打到产生量感，并会残存搅拌棒痕迹的浓稠度后，分两次加入砂糖，继续打发成结实的蛋白霜。
2 加入蛋黄，用打蛋器轻轻搅拌。
3 加入过筛的低筋面粉和可可粉，边转动容器，边用橡皮刮刀以切拌方式拌和。混合到看不见干粉即可结束。有若干结块状态也无妨。
4 参照各配方烘烤。

杏仁海绵蛋糕

材料

全蛋·······················35g
糖粉·······················25g
杏仁粉·····················25g
蛋白·······················50g
砂糖·······················30g
低筋面粉···················22g

做法

1 全蛋、糖粉和杏仁粉放入容器，用手提搅拌器以低速打发起泡。打发到变白而且产生量感的程度。
2 蛋白放入另一个容器中，用手提搅拌器打发起泡，稍微出现量感之后，分两次加入砂糖，继续打发成浓稠的蛋白霜。这里要早一些加入砂糖，避免做成像软绵绵般结实的蛋白霜。
3 把半量的蛋白霜加入步骤1中，用打蛋器轻轻搅匀。
4 加入过筛的低筋面粉，用橡皮刮刀搅拌到完全无干粉状态。
5 加入剩余的蛋白霜，边轻轻转动容器，边用橡皮刮刀以切拌方式拌和。混合到整体均匀没有结块的状态。
6 参照各配方烘烤。

法式拇指饼干

材料

蛋白·······················1个
砂糖·······················30g
蛋黄·······················1个
低筋面粉···················30g

做法

1 蛋白用手提搅拌器打发起泡，打到产生量感，并会残存搅拌棒痕迹的浓稠度后，分两次加入砂糖，继续打发成结实的蛋白霜。
2 加入蛋黄，用打蛋器轻轻搅拌。
3 加入过筛的低筋面粉，用橡皮刮刀以切拌方式仔细轻轻地边转动容器，边大幅度混合。混合到看不见干粉即可结束。有若干结块状态也无妨。
4 参照各配方烘烤。

挞皮面团

材料

无盐奶油···················35g
糖粉·······················25g
蛋黄·······················20g
香草油·····················少许
低筋面粉···················60g

做法

1 无盐奶油恢复室温，用打蛋器搅拌成浓稠状。
2 加入糖粉，混合。只拌和不需要打发起泡。
3 依序加入蛋黄、香草油，混合。
4 加入过筛的低筋面粉，用橡皮刮刀切拌混合。把面团聚成一团，装入塑胶袋，压平。
5 放进冷藏库，静置1小时以上。

圣法利内巧克力饼干

材料

蛋白·······················1个
砂糖·······················30g
蛋黄·······················1个
可可粉·····················13g

做法

1 蛋白放入容器，用手提搅拌器打发起泡，直到有些量感后，把砂糖分两次加入继续打发起泡成结实的蛋白霜。
2 加入蛋黄，用打蛋器轻轻混合。
3 加入过筛的可可粉，边轻轻转动容器，边用橡皮刮刀以切拌方式拌和。混合到几乎看不见干粉可结束。
4 参照各配方烘烤。

炸弹面糊

材料（分量参照各配方）

砂糖
水
蛋黄

做法

1 把砂糖和水放入锅里煮沸。
2 再一点一点地加到打散的蛋黄中，用搅拌器搅拌均匀。
3 以隔水加热的方式，边加热边用打蛋器搅拌。打发起泡到变白又产生量感为止。

后记

有什么感想呢？是否认为原本棘手的装饰技巧，原来却如此简单，"原来如此，我也能做得这么漂亮！"每当有空前往海外旅行时，无论走到哪里，我必定会去鉴赏糕点店的橱窗。虽然是为了制作各种风味，然而装饰手法上却流露着各个国家的独特风格。如大胆使用颜色的西西里糕点；传统、规矩的法兰克福糕点；相似日本糕点的中国台北精致糕点。

西西里（Sicilia）
呈现丰富色彩的西西里糕点。原色的水果引人注目。

中国台湾（Taiwan）
和日本装饰手法几乎一样的中国台湾西点。草莓蛋糕也一样高人气。

犹如绘画，糕点风味和装饰也都能充分展现个人色彩。所以，即使一开始无法马上成为高手，但我认为只要能乐于制作糕点，提供家人、朋友一起欢度喝茶时间，那就是最大的幸福了。而且，总有一天会制作出媲美法国糕点师的精美糕点。

从爱好开始从事糕点制作的我，在20岁左右就有"著书"的梦想，现在总算达成了。

在这过程中，很幸运地我能在第一次研究中接受"圣路易岛"的远藤厨师的糕点指导，又从"LEGION"的藤卷厨师身上学到自由联想的乐趣，从"高木糕点店"的高木厨师身上学会制作漂亮糕点的技巧，因此才能造就现今的我，真的非常感激他们。同时也要由衷感谢协助我的同仁们，过去即使是我的失败作品，也不嫌弃品尝的家人，以及帮忙拍摄美丽图片的难波摄影师。最后，期盼本书对立志成为法国糕点师的你能有所帮助！

德国（Germany）
中规中矩的德国传统糕点，日本的蛋糕也从这里受益良多。

图书在版编目（CIP）数据

蛋糕彩妆师 /（日）熊谷裕子著；谭颖文译. —沈阳：辽宁科学技术出版社，2014.2（2015.3重印）

ISBN 978-7-5381-8403-7

Ⅰ. ①蛋…　Ⅱ.①熊…　②谭…　Ⅲ.①蛋糕—糕点加工　Ⅳ.①TS213.2

中国版本图书馆CIP数据核字（2013）第288125号

出版发行：辽宁科学技术出版社
　　　　　（地址：沈阳市和平区十一纬路29号　邮编：110003）
印　刷　者：辽宁彩色图文印刷有限公司
经　销　者：各地新华书店
幅面尺寸：168mm×236mm
印　　张：6
字　　数：100千字
出版时间：2014年2月第1版
印刷时间：2015年3月第2次印刷
责任编辑：康　倩
封面设计：袁　舒
版式设计：袁　舒
责任校对：周　文

书　　号：ISBN 978-7-5381-8403-7
定　　价：28.00元

投稿热线：024-23284367　987642119@qq.com
邮购热线：024-23284502